入门很**轻松**

网络安全与攻防

实战超值版

入门很轻松

网络安全技术联盟 ◎ 编著

U0388968

清華大学出版社
北 京

内容简介

本书在分析用户进行黑客防御中迫切需要用到或迫切想要用到的技术时，力求对其进行"傻瓜"式的讲解，使读者对网络防御技术形成系统了解，能够更好地防范黑客的攻击。

本书共为14章，包括网络安全快速入门、搭建网络安全测试环境、认识DOS窗口与DOS命令、木马病毒的查杀与预防、网络中的踩点侦察与漏洞扫描、系统远程控制的安全防护、网络欺骗与数据嗅探技术、网络账号及密码的安全防护、流氓软件与间谍软件的清理、使用局域网安全防护工具、无线网络的组建与安全防护、进程与注册表的安全防护、计算机系统的安全防护策略、信息追踪与入侵痕迹的清理等内容。另外，本书赠送同步教学微视频、精美教学幻灯片、教学大纲和其他相关资源供读者学习和使用。

本书内容丰富、图文并茂、深入浅出，不仅适用于网络安全从业人员及网络管理员，而且适用于广大网络爱好者，还可作为大学、中专院校相关专业的参考用书。

图书在版编目（CIP）数据

网络安全与攻防入门很轻松：实战超值版 / 网络安全技术联盟编著. —北京：清华大学出版社，2023.3
（入门很轻松）
ISBN 978-7-302-62772-2

Ⅰ.①网… Ⅱ.①网… Ⅲ.①计算机网络—网络安全 Ⅳ.①TP393.08

中国国家版本馆CIP数据核字（2023）第029969号

责任编辑：张　敏
封面设计：杨玉兰
责任校对：徐俊伟
责任印制：刘海龙

出版发行：清华大学出版社
　　　　　网　　　　　址：http://www.tup.com.cn, http://www.wqbook.com
　　　　　地　　　　　址：北京清华大学学研大厦A座　　　邮　　编：100084
　　　　　社　总　机：010-83470000　　　　　邮　　购：010-62786544
　　　　　投稿与读者服务：010-62776969, c-service@tup.tsinghua.edu.cn
　　　　　质　量　反　馈：010-62772015, zhiliang@tup.tsinghua.edu.cn
　　　　　课　件　下　载：http://www.tup.com.cn, 010-83470236
印　装　者：小森印刷霸州有限公司
经　　　销：全国新华书店
开　　　本：185mm×260mm　　　印　　张：14　　　字　　数：418千字
版　　　次：2023年4月第1版　　　印　　次：2023年4月第1次印刷
定　　　价：79.80元

产品编号：097860-01

前言 PREFACE

随着手机、平板电脑的普及，无线网络的防范就变得尤为重要，为此，本书除了讲解有线网络的攻防策略外，还把目前市场上流行的无线攻防融入书中。

本书特色

内容丰富全面：知识点由浅入深，涵盖了所有黑客攻防知识点，利于读者快速掌握黑客攻防方面的技能。

图文并茂：注重操作，在介绍案例的过程中，每一个操作均有对应的插图。这种图文结合的方式使读者在学习过程中能够直观、清晰地看到操作的过程以及效果，便于更快地理解和掌握。

案例丰富：把知识点融汇于系统的案例实训中，并且结合经典案例进行讲解和拓展，进而达到"知其然，并知其所以然"的效果。

提示技巧、贴心周到：本书对读者在学习过程中可能会遇到的疑难问题以"提示"的形式进行了说明，以免读者在学习的过程中走弯路。

超值赠送

本书将赠送同步教学微视频、精美教学 PPT 课件、教学大纲、108 个黑客工具速查手册、160 个常用黑客命令速查手册、180 页电脑常见故障维修手册、8 大经典密码破解工具电子书、加密与解密技术快速入门电子书、网站入侵与黑客脚本编程电子书、100 款黑客攻防工具软件，读者可扫描下方二维码获取。

赠送资源

读者对象

本书不仅适用于网络安全从业人员及网络管理员，而且适用于广大网络爱好者，还可作为大学、中专院校相关专业的参考用书。

写作团队

本书由长期研究网络安全知识的网络安全技术联盟编著。在编写过程中，尽可能地将最好的讲解呈现给读者，但也难免有疏漏和不妥之处，敬请不吝指正。若您在学习中遇到困难或疑问，或有何建议，可联系作者获得在线指导和本书的资源。

编　者
2022.10

目录
CONTENTS

第 **1** 章
网络安全快速入门

随着信息时代的发展和网络的普及，越来越多的人步入了网络生活，然而人们在享受网络带来便利的同时，也时刻面临着黑客们残酷攻击的危险。本章就来介绍网络安全的相关技术信息，主要内容包括网络中的相关概念、网络通信的相关协议、IP 地址、MAC 地址、端口、系统进程等。

1.1 网络中的相关概念

在网络安全中，经常会接触到很多和网络有关的概念，如浏览器、URL、FTP、IP 地址及域名等，理解了这些概念，对保护网络安全有一定的帮助。

1.1.1 互联网与因特网

互联网是指将两台计算机或者是两台以上的计算机终端、客户端、服务端通过计算机信息技术的手段互相联系起来构成的网络。互联网在现实生活中应用很广泛，在互联网上人们可以聊天、玩游戏、查阅资料等。互联网是全球性的，这就意味着这个网络不管是谁发明了它，是属于全人类的。图 1-1 为互联网的结构示意图。

因特网是一个把分布于世界各地的计算机用传输介质互相连接起来的网络。因特网是基于 TCP/IP 实现的。TCP/IP 由很多协议组成，不同类型的协议又被放在不同的层，其中位于应用层的协议就有很多，比如 FTP、SMTP、HTTP。图 1-2 为因特网的结构示意图。

图 1-1 互联网结构示意图

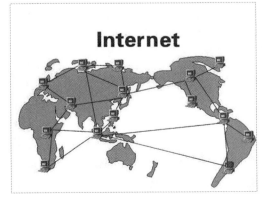

图 1-2 因特网结构示意图

1.1.2 万维网与浏览器

万维网（world wide web，WWW）简称为 3W，是无数个网络站点和网页的集合，也是因特网提供的最主要的服务。它是由多媒体链接而形成的集合，通常我们上网看到的内容就是万维网的内容。图 1-3 为使用万维网打开的百度首页。

提示：互联网、因特网、万维网三者的关系是互联网包含因特网，因特网包含万维网。凡是能彼此通信的设备组成的网络就叫互联网。所以，即使仅有两台机器，不论用何种技术使其彼此通信，也叫互联网。

浏览器是将互联网上的文本文档（或其他类型的文件）翻译成网页，并让用户与这些文件交互的一种软件工具，主要用于查看网页的内容。目前最常用的浏览器有微软公司的 Microsoft Edge，图 1-4 是使用 Microsoft Edge 浏览器打开的页面。

图 1-3　百度首页

图 1-4　Microsoft Edge 浏览器

1.1.3 URL 地址与域名

图 1-5　使用 URL 地址打开的网页

URL（uniform resource locator）即统一资源定位器，也就是网络地址，是在因特网上用来描述信息资源，并将因特网提供的服务统一编址的系统。简单来说，通常在浏览器中输入的网址就是 URL 的一种，如百度网址 https://www.baidu.com。

域名（domain name）类似于互联网上的门牌号，是用于识别和定位互联网上计算机的层次结构的字符标识，与该计算机的因特网协议（IP）地址相对应。相对于 IP 地址而言，域名更便于使用者理解和记忆。URL 和域名是两个不同的概念，如 https://www.sohu.com/ 是 URL，而 www.sohu.com 是域名，图 1-5 为使用 URL 地址打开的网页。

1.1.4 IP 与 MAC 地址

IP 地址用于在 TCP/IP 通信协议中标记每台计算机的地址，通常使用十进制来表示，如 192.168.1.100，但在计算机内部，IP 地址是一个 32 位的二进制数值，如 11000000 10101000 00000001

00000110（192.168.1.6）。

　　MAC 地址与网络无关，也就是无论将带有这个地址的硬件（如网卡、集线器、路由器等）接入网络的何处，都是相同的 MAC 地址，它是由厂商写在网卡的 BIOS 里。

　　MAC 地址通常表示为 12 个十六进制数，每两个十六进制数之间用冒号隔开，如 08:00:20:0A:8C:6D 就是一个 MAC 地址，其中前 6 位（08:00:20）代表网络硬件制造商的编号，它由 IEEE（电气电子工程学会）分配，而后 6 位（0A:8C:6D）代表该制造商所制造的某个网络产品（如网卡）的系列号。每个网络制造商必须确保它所制造的每个以太网设备前 3 字节都相同，后 3 字节不同，这样就可以保证世界上每个以太网设备都具有唯一的 MAC 地址。

　　提示：IP 地址与 MAC 地址的区别在于 IP 地址基于逻辑，比较灵活，不受硬件限制，也容易记忆；MAC 地址在一定程度上与硬件一致，基于物理，能够具体标识。这两种地址均有各自的长处，使用时也因条件不同而采取不同的地址。

1.2　认识网络通信协议

　　网络通信协议是计算机网络的一个重要组成部分，是不同网络之间通信、"交流"的公共语言。有了它，使用不同系统的计算机或网络之间才可以彼此识别，识别出不同的网络操作指令，建立信任关系。

1.2.1　TCP/IP

　　TCP/IP 包括两个子协议，即 TCP（transmission control protocol，传输控制协议）和 IP（internet protocol，因特网协议）。在这两个子协议中又包括许多应用型的协议和服务，使得 TCP/IP 的功能非常强大。

　　TCP/IP 中除了包括 TCP、IP 两个协议外，还包括许多子协议。它的核心协议包括用户数据报协议（UDP）、地址解析协议（ARP）及因特网控制消息协议（ICMP）等。

1.2.2　IP

　　IP 也称互联网协议，可实现两个基本功能：寻址和分段。IP 可以根据数据报报头中包括的目的地址将数据报传送到目的地址。另外，IP 使用 4 个关键技术提供服务：服务类型、生存时间、选项和报头校验码。

　　IP 的基本任务是通过互联网传送数据报，各个 IP 数据报之间是相互独立的。IP 从源运输实体取得数据，通过它的数据链路层服务传给目的主机的 IP 层。在传送时，高层协议将数据传给 IP，IP 再将数据封装为互联网数据报，并交给数据链路层协议通过局域网传送。

1.2.3　ARP

　　ARP（address resolution protocol，地址解析协议）的基本功能是通过目标设备的 IP 地址，查询目标设备的 MAC 地址，以保证通信的顺利进行。在局域网中，网络中实际传输的是"帧"，帧里面是有目标主机 MAC 地址的。

　　在以太网中，一个主机要和另一个主机进行直接通信，必须要知道目标主机的 MAC 地址，这个 MAC 地址就是通过地址解析协议获得的。所谓地址解析，就是主机在发送数据帧前将目标 IP 地址转换成目标 MAC 地址的过程。

1.2.4 ICMP

ICMP（internet control message protocol，因特网控制消息协议）是 TCP/IP 中的子协议，主要用于在 IP 主机、路由器之间传递控制消息。控制消息是指网络通不通、主机是否可达、路由是否可用等网络本身的消息。这些控制消息虽然并不传输用户数据，但是对于用户数据的传递起着重要作用。

ICMP 对于网络安全非常重要，常被用来攻击网络上的路由器和主机。例如，可以利用操作系统规定的 ICMP 数据包最大尺寸不超过 64KB 这一规定，向主机发起"Ping of Death"（死亡之Ping）攻击。

1.3 计算机基本信息的获取

一台计算机的基本信息包括 IP 地址、物理地址、端口信息、系统进程信息、注册表信息等各种系统信息。用户要想提高计算机的安全系数，必须要学会查看计算机基本信息的方法。

1.3.1 获取本机的 IP 地址

微视频

图 1-6 "运行"菜单

在互联网中，一台主机只有一个 IP 地址。黑客要想攻击某台主机，必须找到这台主机的 IP 地址，然后才能进行入侵攻击。可以说，IP 地址是黑客实施入侵攻击的一个关键。使用 ipconfig 命令可以获取本地计算机的 IP 地址，具体的操作步骤如下：

Step01 右击"开始"按钮，在弹出的快捷菜单中选择"运行"选项，如图 1-6 所示。

Step02 打开"运行"对话框，在"打开"后面的文本框中输入 cmd 命令，如图 1-7 所示。

Step03 单击"确定"按钮，打开"命令提示符"窗口，在其中输入 ipconfig，按 Enter 键，显示出本机的 IP 配置相关信息，如图 1-8 所示。

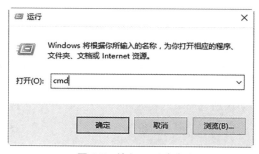

图 1-7 输入 cmd 命令

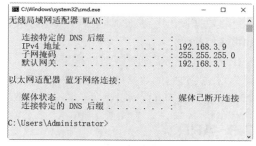

图 1-8 查看 IP 地址

提示：在"命令提示符"窗口中，192.168.3.9 表示本机在局域网中的 IP 地址。

1.3.2 获取本机的物理地址

微视频

在"命令提示符"窗口中输入 ipconfig /all 命令，然后按 Enter 键，可以在显示的结果中看到一个物理地址：00-23-24-DA-43-8B，这就是本机的物理地址，也是本机的网卡地址，它是唯一的，如图 1-9 所示。

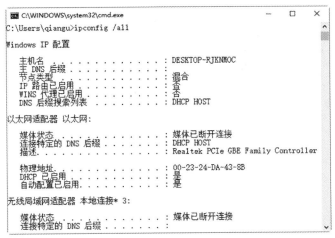

图 1-9　查看物理地址

1.3.3　查看系统开放的端口

微视频

经常查看系统开放端口的状态变化，可以帮助计算机用户及时查看系统安全状况，防止黑客通过端口入侵计算机。用户可以使用 netstat 命令查看自己系统的端口状态，具体的操作步骤如下：

Step01 打开"命令提示符"窗口，在其中输入 netstat -a -n 命令，如图 1-10 所示。

Step02 按 Enter 键，可看到以数字显示的 TCP 和 UCP 连接的端口号及其状态，如图 1-11 所示。

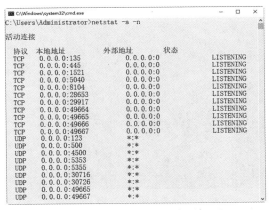

图 1-10　输入 netstat -a -n 命令

图 1-11　TCP 和 UCP 连接的端口号

1.3.4　查看系统注册表信息

微视频

注册表（Registry）是 Microsoft Windows 中的一个重要的数据库，用于存储系统和应用程序的设置信息。通过注册表，用户可以添加、删除、修改系统内的软件配置信息或硬件驱动程序。查看 Windows 系统中注册表信息的操作步骤如下：

Step01 在 Windows 操作系统中选择"开始"→"运行"选项，打开"运行"对话框，在其中输入命令 regedit，如图 1-12 所示。

Step02 单击"确定"按钮，打开"注册表编辑器"窗口，在其中查看注册表信息，如图 1-13 所示。

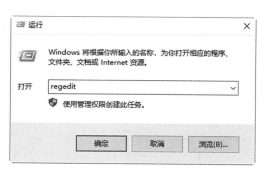

图 1-12　"运行"对话框

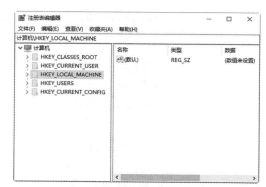

图 1-13　"注册表编辑器"窗口

1.3.5　获取系统进程信息

在 Windows 10 系统中，可以在"Windows 任务管理器"窗口中获取系统进程，具体的操作步骤如下：

Step01 在 Windows 10 系统中，右击"开始"按钮，在弹出的快捷菜单中选择"任务管理器"选项，如图 1-14 所示。

Step02 打开"任务管理器"窗口，在其中即可看到当前系统正在运行的进程，如图 1-15 所示。

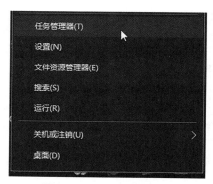

图 1-14　"任务管理器"选项

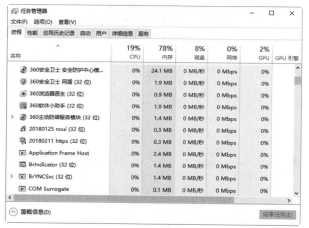

图 1-15　"任务管理器"窗口

提示：通过在 Windows 10 系统中按 Ctrl+Del+Alt 组合键，在打开的工作界面中单击"任务管理器"链接，也可以打开"任务管理器"窗口，在其中查看系统进程。

1.4　实战演练

1.4.1　实战 1：查看进程起始程序

用户通过查看进程的起始程序，可以来判断哪些是恶意进程。查看进程起始程序的具体操作步骤如下：

Step01 在"命令提示符"窗口中输入查看 svchost 进程起始程序的"Netstat -abnov"命令，如图 1-16 所示。

Step02 按 Enter 键，在反馈的信息中查看每个进程的起始程序或文件列表，然后就可以根据相关的知识来判断是否为病毒或木马发起的程序，如图 1-17 所示。

图 1-16 输入命令

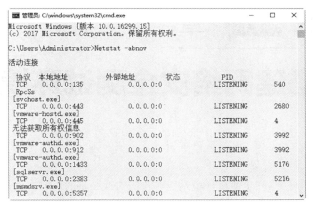

图 1-17 查看进程起始程序

1.4.2 实战 2：显示系统文件的扩展名

Windows 10 系统默认情况下并不显示文件的扩展名，用户可以通过设置显示文件的扩展名，具体的操作步骤如下：

Step01 右击"开始"按钮，在弹出的快捷菜单中选择"文件资源管理器"选项，打开"文件资源管理器"窗口，如图 1-18 所示。

Step02 选择"查看"选项卡，在打开的功能区域中勾选"显示/隐藏"区域中的"文件扩展名"复选框，如图 1-19 所示。

Step03 此时打开一个文件夹，用户便可以看到文件的扩展名，如图 1-20 所示。

微视频

图 1-18 "文件资源管理器"窗口

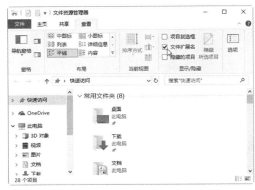

图 1-19 "查看"选项卡

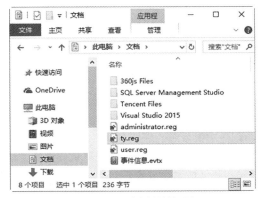

图 1-20 查看文件的扩展名

第2章

搭建网络安全测试环境

网络安全测试环境是黑客攻防实战必备的内容，也是网络安全工作者需要了解和掌握的内容。另外，对于黑客初学者来说，在学习过程中需要找到符合条件的目标计算机，并进行模拟攻击，而这些攻击目标并不是初学者能够从网络上搜索到的，这就需要通过搭建网络安全测试环境来解决这个问题。

2.1 认识安全测试环境

所谓安全测试环境就是在已存在的一个系统中，利用虚拟机工具创建出的一个内在的虚拟系统。该系统与外界独立，但与已存在的系统建立有网络关系，在系统中可以进行测试和模拟黑客入侵。

2.1.1 什么是虚拟机软件

虚拟机软件是一种可以在一台计算机上模拟出很多台计算机的软件，而且每台计算机都可以运行独立的操作系统，且不相互干扰，实现了一台计算机运行多个操作系统的功能，同时还可以将这些操作系统连成一个网络。

常见的虚拟机软件有 VMware 和 Virtual PC 两种。VMware 是一款功能强大的桌面虚拟计算机软件，支持在主机和虚拟机之间共享数据，支持第三方预设置的虚拟机和镜像文件，而且安装与设置都非常简单。Virtual PC 具有最新的 Microsoft 虚拟化技术。用户可以使用这款软件在同一台计算机上同时运行多个操作系统。操作起来非常简单，用户只需单击一下，便可直接在计算机上的虚拟出 Windows 环境，并在该环境中可以同时运行多个应用程序。

2.1.2 什么是虚拟系统

虚拟系统就是在已有的操作系统的基础上，安装一个新的操作系统或者虚拟出系统本身的文件，该操作系统允许在不重启计算机的基础上进行切换。

创建虚拟系统的好处有以下几种。

- 虚拟技术是一种调配计算机资源的方法，可以更有效、更灵活地提供和利用计算机资源，降低成本，节省开支。
- 在虚拟环境里更容易实现程序自动化，有效地减少了测试要求和应用程序的兼容性问题，并在系统崩溃时更容易实施恢复操作。
- 虚拟系统允许跨系统进行安装，如在 Windows 10 的基础上可以安装 Linux 操作系统。

2.2　下载与安装虚拟机软件

对于网络安全初学者，使用虚拟机构建网络安全测试环境是一个非常好的选择，这样既可以快速搭建测试环境，还可以快速还原之前快照，避免因错误操作造成系统崩溃。

2.2.1　下载虚拟机软件

微视频

虚拟机使用之前，需要从官网上下载虚拟机软件 VMware，具体的操作步骤如下：

Step01 使用浏览器打开虚拟机官方网站 https://my.vmware.com/cn.html，进入虚拟机官网页面，如图 2-1 所示。

图 2-1　虚拟机官网页面

Step02 这里需要注册一个账号，用户可以注册一个账号，VMware 支持中文页面注册。注册完成后，进入所有下载页面，并切换到"所有产品"选项卡，如图 2-2 所示。

Step03 在下拉页面找到"VMware Workstation Pro"对应选项，单击右侧的"查看下载组件"超链接，如图 2-3 所示。

图 2-2　"所有产品"选项卡

图 2-3　"查看下载组件"超链接

Step04 进入 VMware 下载页面，在其中选择 Windows 版本，单击"立即下载"超链接，如图 2-4 所示。

Step05 打开"新建下载任务"对话框，单击"下载"按钮进行下载，如图 2-5 所示。

图 2-4　VMware 下载页面

图 2-5　"新建下载任务"对话框

2.2.2　安装虚拟机软件

微视频

虚拟机软件下载完成后，接下来就可以安装虚拟机软件了，这里下载的是目前的最新版本"VMware-workstation-full-16.2.3-19376536.exe"，用户可根据实际情况选择相应的版本下载即可。安装虚拟机的具体操作步骤如下：

Step01 双击下载的 VMware 安装软件，进入"欢迎使用 VMware Workstation Pro 安装向导"窗口，如图 2-6 所示。

Step02 单击"下一步"按钮，进入"最终用户许可协议"窗口，勾选"我接受许可协议中的条款"复选框，如图 2-7 所示。

图 2-6　"安装向导"窗口　　　　　　　　图 2-7　"最终用户许可协议"窗口

Step03 单击"下一步"按钮，进入"自定义安装"窗口，在其中可以更改安装路径，也可以保持默认，如图 2-8 所示。

Step04 单击"下一步"按钮，进入"用户体验设置"窗口，这里选用系统默认设置，如图 2-9 所示。

图 2-8　"自定义安装"窗口　　　　　　　　图 2-9　"用户体验设置"窗口

Step05 单击"下一步"按钮，进入"快捷方式"窗口，在其中可以创建用户快捷方式，这里可以保持默认设置，如图 2-10 所示。

Step06 单击"下一步"按钮，进入"已准备好安装 VMware Workstation Pro"窗口，开始准备安装虚拟机软件，如图 2-11 所示。

Step07 单击"安装"按钮，等待一段时间后虚拟机便可以安装完成，并进入"VMware Workstation Pro 安装向导已完成"窗口，单击"完成"按钮，关闭虚拟机安装向导，如图 2-12 所示。

Step08 虚拟机安装完成后，要重新启动系统后才可以使用虚拟机。至此，便完成了 VMware 虚拟机的安装，如图 2-13 所示。

图 2-10　"快捷方式"窗口

图 2-11　"已准备好安装 VMware Workstation Pro"窗口

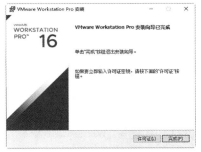

图 2-12　"VMware Workstation Pro 安装向导已完成"窗口

图 2-13　重新启动系统

2.3　安装虚拟机软件系统

组装好计算机以后需要给它安装一个系统，这样计算机才可以正常工作，虚拟机也一样，同样需要安装一个操作系统，如 Windows、Linux 等，这样才能使用虚拟机创建的环境来实现网络安全测试。

2.3.1　安装 Windows 操作系统

微视频

在虚拟机中安装 Windows 操作系统是搭建网络安全测试环境的重要步骤，所有准备工作就绪后，接下来就可以在虚拟机中安装 Windows 操作系统了，具体的操作步骤如下：

Step01 双击桌面安装好的 VMware 虚拟机图标，打开 VMware 虚拟机软件，如图 2-14 所示。

Step02 单击"创建新的虚拟机"按钮，进入"新建虚拟机向导"对话框，选中"自定义"单选按钮，如图 2-15 所示。

图 2-14　VMware 虚拟机软件

图 2-15　"新建虚拟机向导"对话框

Step 03 单击"下一步"按钮，进入"选择虚拟机硬件兼容性"对话框，在其中设置虚拟机的硬件兼容性，这里选用默认设置，如图 2-16 所示。

Step 04 单击"下一步"按钮，进入"安装客户机操作系统"对话框，在其中选中"稍后安装操作系统"单选按钮，如图 2-17 所示。

图 2-16 "选择虚拟机硬件兼容性"对话框　　　　图 2-17 "安装客户机操作系统"对话框

Step 05 单击"下一步"按钮，进入"选择客户机操作系统"对话框，在其中选中"Microsoft Windows（W）"单选按钮，如图 2-18 所示。

Step 06 单击"版本"下方的下拉按钮，在弹出的下拉列表中选择"Windows 10 x64"系统版本，这里的系统版本与主机系统版本无关，可以自由选择，如图 2-19 所示。

图 2-18 "选择客户机操作系统"对话框　　　　　　图 2-19 选择系统版本

Step 07 单击"下一步"按钮，进入"命名虚拟机"对话框，在"虚拟机名称"文本框中输入虚拟机名称，在"位置"中选择一个存放虚拟机的磁盘位置，如图 2-20 所示。

Step 08 单击"下一步"按钮，进入"处理器配置"对话框，在其中选择处理器数量，一般普通计算机都是单处理，所以这里不用设置，处理器内核数量可以根据实际处理器内核数量设置，如图 2-21 所示。

Step 09 单击"下一步"按钮，进入"此虚拟机的内存"对话框，根据实际主机进行设置，最少内存不要低于 768MB，这里选择 1024MB 也就是 1GB 内存，如图 2-22 所示。

Step 10 单击"下一步"按钮，进入"网络类型"对话框，选中"使用网络地址转换"单选按钮，如图 2-23 所示。

Step 11 单击"下一步"按钮，进入"选择 I/O 控制器类型"对话框，这里选中 LSI Logic SAS 单选按钮，如图 2-24 所示。

Step 12 单击"下一步"按钮，进入"选择磁盘类型"对话框，选中 NVMe 单选按钮，如图 2-25 所示。

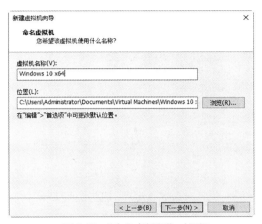

图 2-20　"命名虚拟机"对话框

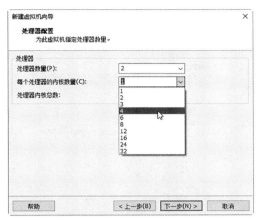

图 2-21　"处理器配置"对话框

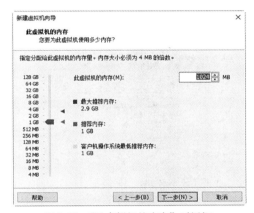

图 2-22　"此虚拟机的内存"对话框

图 2-23　"网络类型"对话框

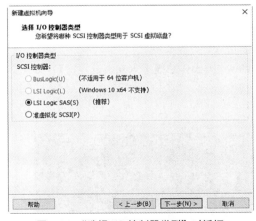

图 2-24　"选择 I/O 控制器类型"对话框

图 2-25　"选择磁盘类型"对话框

Step13 单击"下一步"按钮，进入"选择磁盘"对话框，选中"创建新虚拟磁盘"单选按钮，如图 2-26 所示。

Step14 单击"下一步"按钮，进入"指定磁盘容量"对话框，这里最大磁盘大小设置 60GB 空间即可，选中"将虚拟磁盘拆分成多个文件"单选按钮，如图 2-27 所示。

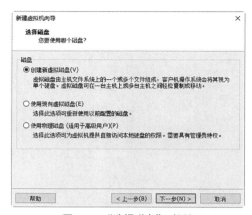

图 2-26 "选择磁盘"对话框

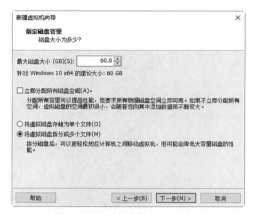

图 2-27 "指定磁盘容量"对话框

Step 15 单击"下一步"按钮，进入"指定磁盘文件"对话框，这里保持默认即可，如图 2-28 所示。

Step 16 单击"下一步"按钮，进入"已准备好创建虚拟机"对话框，如图 2-29 所示。

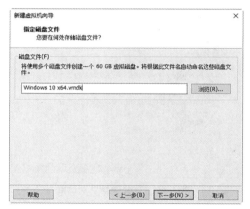

图 2-28 "指定磁盘文件"对话框

图 2-29 "已准备好创建虚拟机"对话框

Step 17 单击"完成"按钮，至此，便创建了一个新的虚拟机，如图 2-30 所示。这相当于组装了一台裸机，其中的硬件配置，可以根据实际需求进行更改。

Step 18 单击"开启此虚拟机"链接，稍等片刻，Windows 10 操作系统进入安装过渡窗口，如图 2-31 所示。

图 2-30 创建新虚拟机

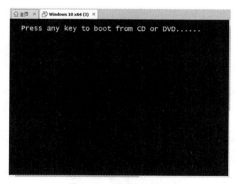

图 2-31 安装过渡窗口

Step19 按任意键即可打开 Windows 安装程序运行界面，安装程序将开始自动复制安装的文件并准备要安装的文件，如图 2-32 所示。

Step20 安装完成后，将显示安装后的操作系统界面。至此，整个虚拟机的设置创建即可完成，安装的虚拟操作系统以文件的形式存放在硬盘之中，如图 2-33 所示。

图 2-32　准备要安装的文件

图 2-33　操作系统界面

2.3.2　安装 VMware Tools 工具

众所周知，本地计算机安装好操作系统之后，还需要安装各种驱动，如显卡、网卡、显卡等驱动，作为虚拟机也需要安装一定的虚拟工具才能正常运行。安装 VMware Tools 工具的操作步骤如下：

Step01 启动虚拟机进入虚拟系统，然后按 Ctrl+Alt 组合键，切换到真实的计算机系统，如图 2-34 所示。

注意：如果是用 ISO 文件安装的操作系统，最好重新加载该安装文件并重新启动系统，这样系统就能自动找到 VMware Tools 的安装文件。

Step02 执行"虚拟机"→"安装 VMware Tools"命令，此时系统将自动弹出安装文件，如图 2-35 所示。

Step03 安装文件启动之后，将会弹出"欢迎使用 VMware Tools 的安装向导"窗口，如图 2-36 所示。

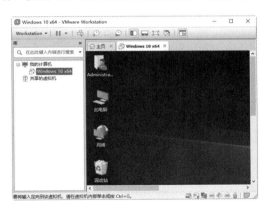

图 2-34　进入虚拟系统

图 2-35　"安装 VMware Tools"命令

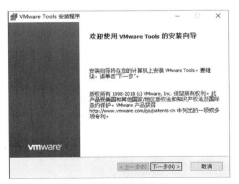

图 2-36　"安装向导"窗口

Step04 单击"下一步"按钮，进入"选择安装类型"窗口，根据实际情况选择相应的安装类型，选中"典型安装"单选按钮，如图 2-37 所示。

Step05 单击"下一步"按钮，进入"已准备好安装 VMware Tools"窗口，如图 2-38 所示。

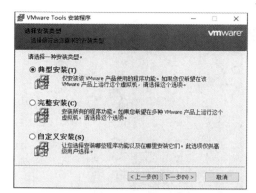

图 2-37 "选择安装类型"窗口

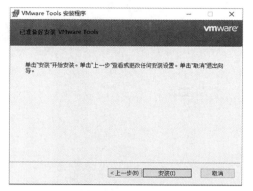

图 2-38 "已准备好安装 VMware Tools"窗口

Step06 单击"安装"按钮，进入"正在安装 VMware Tools"窗口，在其中显示了 VMware Tools 工具的安装状态，如图 2-39 所示。

Step07 安装完成后，进入"VMware Tools 安装向导已完成"窗口，如图 2-40 所示。

图 2-39 "正在安装 VMware Tools"窗口

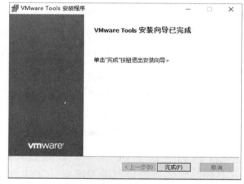

图 2-40 "VMware Tools 安装向导已完成"窗口

Step08 单击"完成"按钮，弹出一个信息提示框，要求必须重新启动系统，这样对 VMware Tools 进行的配置更改才能生效，如图 2-41 所示。

Step09 单击"是"按钮，系统重新启动。虚拟系统重新启动之后即可发现虚拟机工具已经成功安装，再次选择"虚拟机"菜单命令，可以看到"安装 VMware Tools"菜单命令变成了"重新安装 VMware Tools"菜单命令，如图 2-42 所示。

图 2-41 信息提示框

图 2-42 "重新安装 VMware Tools"菜单命令

2.4　实战演练

2.4.1　实战 1：关闭开机多余启动项目

在计算机启动的过程中，自动运行的程序称为开机启动项，有时一些木马程序会在开机时运行，用户可以通过关闭开机启动项来提高系统安全性，具体的操作步骤如下：

微视频

Step01 按 Ctrl+Alt+Del 组合键，打开如图 2-43 所示的界面。

Step02 选择"任务管理器"选项，打开"任务管理器"窗口，如图 2-44 所示。

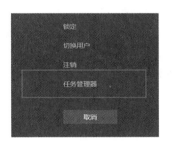

图 2-43　"任务管理器"选项

图 2-44　"任务管理器"窗口

Step03 选择"启动"选项卡，进入"启动"界面，在其中可以看到系统中的开机启动项列表，如图 2-45 所示。

Step04 选择开机启动项列表中需要禁用的启动项，单击"禁用"按钮即可禁止该启动项开机自启，如图 2-46 所示。

图 2-45　"启动"选项卡

图 2-46　禁止开机启动项

2.4.2　实战 2：诊断和修复网络不通的问题

当计算机不能上网时，说明计算机与网络连接不通，这时就需要诊断和修复网络，具体的操作步骤如下：

微视频

Step 01 打开"网络连接"窗口，右击需要诊断的网络图标，在弹出的快捷菜单中选择"诊断"选项，打开"Windows 网络诊断"对话框，并显示网络诊断的进度，如图 2-47 所示。

Step 02 诊断完成后，将会在下方的窗格中显示诊断的结果，如图 2-48 所示。

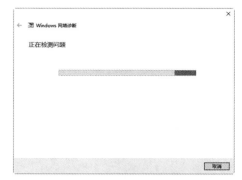

图 2-47 显示网络诊断的进度　　　　　　　　图 2-48 显示诊断的结果

Step 03 单击"尝试以管理员身份进行这些修复"连接，开始对诊断出来的问题进行修复，如图 2-49 所示。

Step 04 修复完毕后，会给出修复的结果，提示用户疑难解答已经完成，并在下方显示已修复信息提示，如图 2-50 所示。

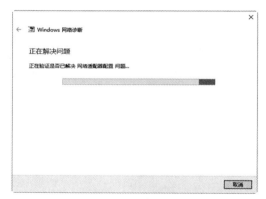

图 2-49 修复网络问题　　　　　　　　　　图 2-50 显示已修复信息

第 3 章

认识 DOS 窗口与 DOS 命令

作为计算机或网络终端设备的用户，要想使自己的设备不受或少受黑客的攻击，有必要了解一些计算机中的基础知识，本章就来认识 Windows 系统中的 DOS 窗口与 DOS 命令。

3.1 认识 Windows 10 系统中的 DOS 窗口

Windows 10 操作系统中的 DOS 窗口，也被称为"命令提示符"窗口，该窗口主要以图形化界面显示，用户可以很方便地进入 DOS 命令窗口并对窗口中的命令行进行相应的编辑操作。

3.1.1 通过菜单进入 DOS 窗口

Windows 10 的图形化界面缩短了人与机器之间的距离，通过使用菜单可以很方便地进入 DOS 窗口，具体的操作步骤如下：

微视频

Step 01 右击桌面上的"开始"按钮，在弹出的快捷菜单中选择 Windows → "命令提示符"选项，如图 3-1 所示。

Step 02 弹出"管理员：命令提示符"窗口，在其中可以执行相关 DOS 命令，如图 3-2 所示。

图 3-1 "命令提示符"选项

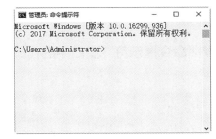

图 3-2 "管理员：命令提示符"窗口

3.1.2 通过"运行"对话框进入 DOS 窗口

除通过菜单进入 DOS 窗口外，用户还可以通过"运行"对话框进入 DOS 窗口，具体的操作步骤如下：

微视频

Step 01 在 Windows 10 操作系统中，右击桌上的"开始"按钮，在弹出的快捷菜单中选择"运行"选项，打开"运行"对话框，在其中输入 cmd 命令，如图 3-3 所示。

Step02 单击"确定"按钮，即可进入 DOS 窗口，如图 3-4 所示。

图 3-3 "运行"对话框

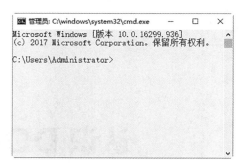

图 3-4 DOS 窗口

3.1.3 通过浏览器访问 DOS 窗口

微视频

浏览器和"命令提示符"窗口关系密切，用户可以直接在浏览器中访问 DOS 窗口。下面以在 Windows 10 操作系统下访问 DOS 窗口为例，具体的方法为：在 Microsoft Edge 浏览器的地址栏中输入"c:\Windows\system32\cmd.exe"，如图 3-5 所示。按 Enter 键后即可进入 DOS 运行窗口，如图 3-6 所示。

图 3-5 Microsoft Edge 浏览器

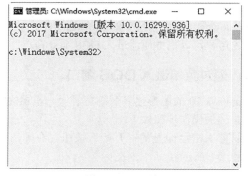

图 3-6 DOS 窗口

注意：在输入地址时，一定要输入全路径，否则 Windows 将无法打开命令提示符窗口。

3.1.4 编辑"命令提示符"窗口中的代码

微视频

当在 Windows 10 中启动命令行，就会弹出相应的命令行窗口，在其中显示当前的操作系统的版本号，并把当前用户默认为当前提示符。在使用命令行时可以对命令行进行复制、粘贴等操作，具体的操作步骤如下：

Step01 右击"命令提示符"窗口标题栏，将弹出一个快捷菜单。在这里可以对当前窗口进行各种操作，如移动、最大化、最小化、编辑等。选择此菜单中的"编辑"命令，在显示的子菜单中选择"标记"选项，如图 3-7 所示。

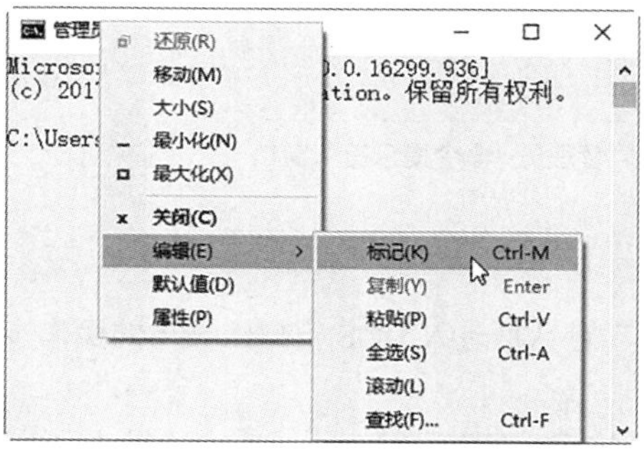

图 3-7 "标记"选项

Step02 移动鼠标，选择要复制的内容，可以直接按

Enter 键复制该命令行，也可以通过选择"编辑"→"复制"选项来实现，如图 3-8 所示。

Step 03 在需要粘贴该命令行的位置处单击鼠标右键，完成粘贴操作，或者右击"命令提示符"窗口的菜单栏，在弹出的快捷菜单中选择"编辑"→"粘贴"选项，也可完成粘贴操作，如图 3-9 所示。

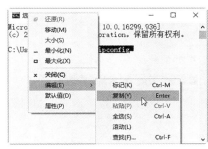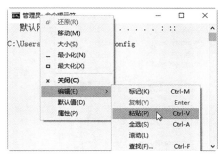

图 3-8　"复制"选项　　　　　　　　图 3-9　"粘贴"选项

提示：如果是想再使用上一条命令，可以按 F3 键调用，要实现复杂的命令行编辑功能，可以借助于 DOSKEY 命令。

3.1.5　自定义"命令提示符"窗口的风格

"命令提示符"窗口的风格不是一成不变的，用户可以通过"属性"菜单选项对"命令提示符"窗口的风格进行自定义设置，如设置窗口的颜色、字体的样式等。自定义"命令提示符"窗口的风格的操作步骤如下：

Step 01 单击"命令提示符"窗口左上角的图标，在弹出的菜单中选择"属性"选项，打开"命令提示符属性"对话框，如图 3-10 所示。

Step 02 选择"颜色"选项卡，在其中可以对相关选项进行颜色设置。选中"屏幕文字"单选按钮，可以设置屏幕文字的显示颜色，这里选择"黑色"，如图 3-11 所示。

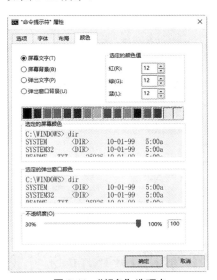

图 3-10　"选项"选项卡　　　　　　　图 3-11　"颜色"选项卡

Step 03 选中"屏幕背景"单选按钮，可以设置屏幕背景的显示颜色，这里选择"灰色"，如图 3-12 所示。

Step 04 选中"弹出文字"单选按钮，可以设置弹出窗口文字的显示颜色，这里设置蓝色颜色值为 180 ，如图 3-13 所示。

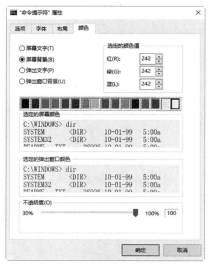

图 3-12 设置屏幕背景颜色

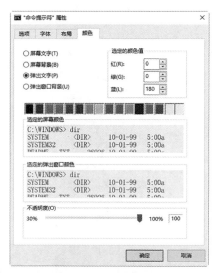

图 3-13 设置文字颜色

Step 05 选中"弹出窗口背景"单选按钮，可以设置弹出窗口的背景显示颜色，这里设置颜色值为 125，如图 3-14 所示。

Step 06 设置完毕后单击"确定"按钮，保存设置，"命令提示符"窗口的风格如图 3-15 所示。

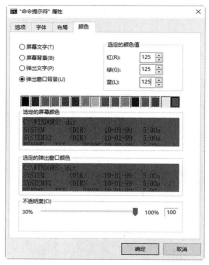

图 3-14 设置弹出窗口背景颜色

图 3-15 自定义显示风格

3.2 黑客常用 DOS 命令实战

熟练掌握一些 DOS 命令的应用是一名黑客的"基本功"，通过这些 DOS 命令可以帮助计算机用户追踪黑客的踪迹。

3.2.1　切换当前目录路径的 cd 命令

微视频

cd（Change Directory）命令的作用是改变当前目录，该命令用于切换路径目录。cd 命令主要有以下 3 种使用方法。

（1）cd path：path 是路径，例如输入 cd c:\ 命令后按 Enter 键或输入 cd Windows 命令，可分别切换到 C:\ 和 C:\Windows 目录下。

（2）cd..：cd 后面的两个 "." 表示返回上一级目录，例如当前的目录为 C:\Windows，如果输入 cd.. 命令，按 Enter 键即可返回上一级目录，即 C:\。

（3）cd\：表示当前无论在哪个子目录下，通过该命令可立即返回根目录。

下面将介绍使用 cd 命令进入 C:\Windows\system32 子目录，并退回根目录的具体操作步骤如下：

Step01 在 "命令提示符" 窗口中输入 cd c:\ 命令，按 Enter 键，将目录切换为 C:\，如图 3-16 所示。

Step02 如果想进入 C:\Windows\system32 目录中，则需在上面的 "命令提示符" 窗口中输入 cd Windows\system32 命令，按 Enter 键即可将目录切换为 C:\Windows\system32，如图 3-17 所示。

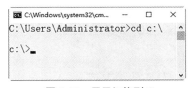

图 3-16　目录切换到 C

图 3-17　切换到 C 盘子目录

Step03 如果想返回上一级目录，则可以在 "命令提示符" 窗口中输入 cd.. 命令，按 Enter 键即可，如图 3-18 所示。

Step04 如果想返回根目录，则可以在 "命令提示符" 窗口中输入 cd\ 命令，按 Enter 键即可，如图 3-19 所示。

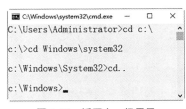

图 3-18　返回上一级目录

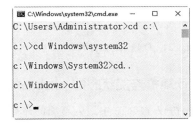

图 3-19　返回根目录

3.2.2　列出磁盘目录文件的 dir 命令

微视频

dir 命令的作用是列出磁盘上所有的或指定的文件目录，可以显示的内容包含卷标、文件名、文件大小、文件建立日期和时间、目录名、磁盘剩余空间等。dir 命令的格式如下：

```
dir [盘符][路径][文件名][/P][/W][/A:属性]
```

其中各个参数的作用如下。

（1）/P：当显示的信息超过一屏时暂停显示，直至按任意键才继续显示。

（2）/W：以横向排列的形式显示文件名和目录名，每行 5 个（不显示文件大小、建立日期和时间）。

（3）/A:属性：仅显示指定属性的文件，无此参数时，dir 显示除系统和隐含文件外的所有文件。可指定为以下几种形式。

① /A:S：显示系统文件的信息。

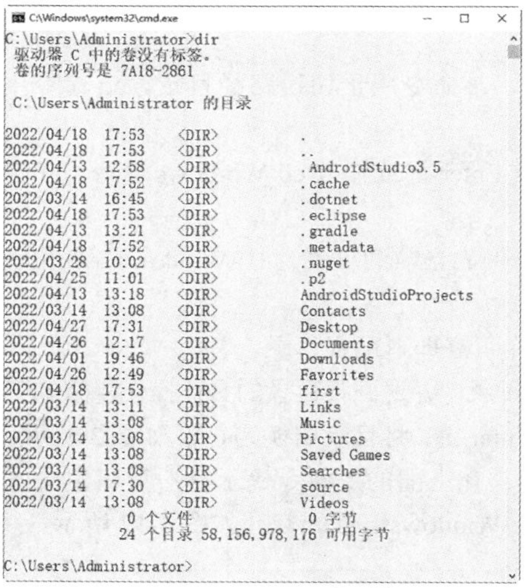

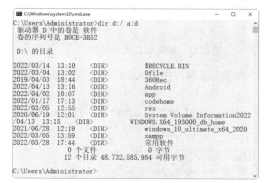

图 3-20　Administrator 目录下的文件列表

② /A:H：显示隐含文件的信息。

③ /A:R：显示只读文件的信息。

④ /A:A：显示归档文件的信息。

⑤ /A:D：显示目录信息。

使用 dir 命令查看磁盘中的资源，具体的操作步骤如下：

Step01 在"命令提示符"窗口中输入 dir 命令，按 Enter 键，可查看当前目录下的文件列表，如图 3-20 所示。

Step02 在"命令提示符"窗口中输入 dir d:/ a:d 命令，按 Enter 键，可查看 D 盘下所有文件的目录，如图 3-21 所示。

Step03 在"命令提示符"窗口中输入 dir c:\windows /a:h 命令，按 Enter 键，可列出 c:\windows 目录下的隐藏文件，如图 3-22 所示。

图 3-21　D 盘下的文件列表

图 3-22　C 盘下的隐藏文件

3.2.3　检查计算机连接状态的 ping 命令

微视频

ping 命令是协议 TCP/IP 中最为常用的命令之一，主要用来检查网络是否通畅或者网络连接的速度。对于一名计算机用户来说，ping 命令是第一个必须掌握的 DOS 命令。在"命令提示符"窗口中输入 ping /?，可以得到这条命令的帮助信息，如图 3-23 所示。

使用 ping 命令对计算机的连接状态进行测试的具体操作步骤如下：

Step01 使用 ping 命令来判断计算机的操作系统类型。在"命令提示符"窗口中输入 ping 192.168.3.9 命令，运行结果如图 3-24 所示。

Step02 在"命令提示符"窗口中输入 ping 192.168.3.9 -t -l 128 命令，可以不断向某台主机发出大量的数据包，如图 3-25 所示。

图 3-23　ping 命令帮助信息

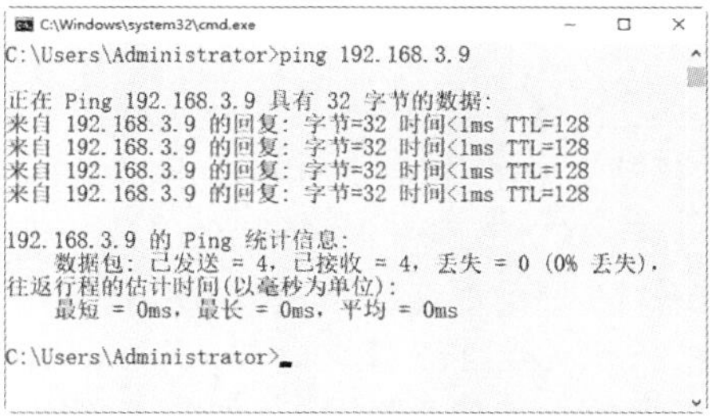

图 3-24　判断计算机的操作系统类型 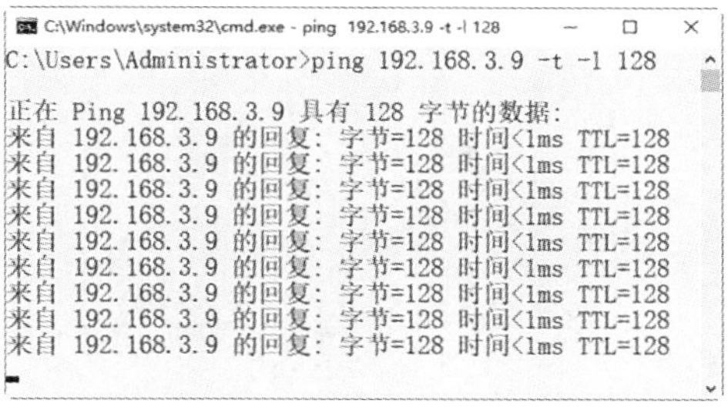　　　　图 3-25　发出大量数据包

Step03 判断本台计算机是否与外界网络连通。在"命令提示符"窗口中输入 ping www.baidu.com 命令，其运行结果如图 3-26 所示，图中说明本台计算机与外界网络连通。

Step04 解析某 IP 地址的计算机名。在"命令提示符"窗口中输入 ping -a 192.168.3.9 命令，其运行结果如图 3-27 所示，可知这台主机的名称为 SD-20220314SOIE。

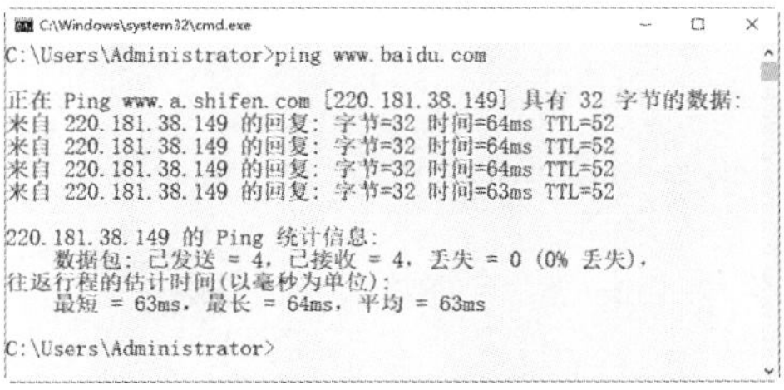

图 3-26　网络连通信息 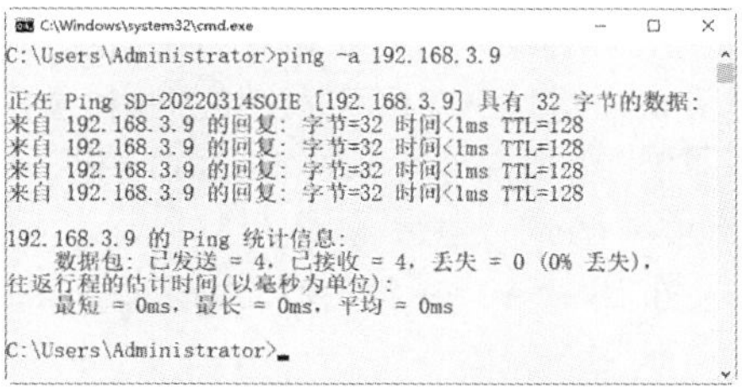　　　　　　　图 3-27　解析某 IP 地址的计算机名

3.2.4　查询网络状态与共享资源的 net 命令

使用 net 命令可以查询网络状态、共享资源及计算机所开启的服务等，该命令的语法格式信息如下：

```
NET [ ACCOUNTS | COMPUTER | CONFIG | CONTINUE | FILE | GROUP | HELP | HELPMSG |
LOCALGROUP | NAME | PAUSE | PRINT | SEND | SESSION | SHARE | START | STATISTICS |
STOP | TIME | USE | USER | VIEW ]
```

查询本台计算机开启哪些 Windows 服务的具体操作步骤如下：

Step01 使用 net 命令查看网络状态。打开"命令提示符"窗口，输入 net start 命令，如图 3-28 所示。

Step02 按 Enter 键，在打开的"命令提示符"窗口中可以显示计算机所启动的 Windows 服务，如图 3-29 所示。

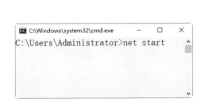

图 3-28　输入 net start 命令

图 3-29　计算机所启动的 Windows 服务

3.2.5 显示网络连接信息的 netstat 命令

微视频

图 3-30　netstat 命令帮助信息

netstat 命令主要用来显示网络连接的信息，包括显示活动的 TCP 连接、路由器和网络接口信息，是一个监控 TCP/IP 网络非常有用的工具，可以让用户了解系统中目前都有哪些网络连接正常。

在"命令提示符"窗口中输入 netstat/? 命令，可以得到这条命令的帮助信息，如图 3-30 所示。

该命令的语法格式信息如下：

```
NETSTAT [-a] [-b] [-e] [-n] [-o] [-p proto] [-r] [-s] [-v] [interval]
```

其中比较重要的参数的含义如下。

● -a：显示所有连接和监听端口。

● -n：以数字形式显示地址和端口号。

使用 netstat 命令查看网络连接的具体操作步骤如下：

Step 01 打开"命令提示符"窗口，在其中输入 netstat -n 或 netstat 命令，按 Enter 键，可查看服务器活动的 TCP/IP 连接，如图 3-31 所示。

Step 02 在"命令提示符"窗口中输入 netstat -r 命令，按 Enter 键，可查看本机的路由信息，如图 3-32 所示。

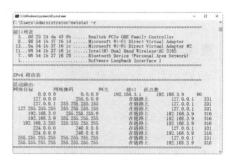

图 3-32　查看本机路由信息

图 3-31　服务器活动的 TCP/IP 连接

Step 03 在"命令提示符"窗口中输入 netstat -a 命令，按 Enter 键，可查看本机所有活动的 TCP 连接，如图 3-33 所示。

Step 04 在"命令提示符"窗口中输入 netstat -n -a 命令，按 Enter 键，可显示本机所有连接的端口及其状态，如图 3-34 所示。

图 3-33　查看本机活动的 TCP 连接

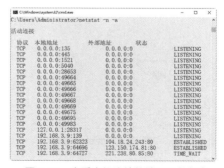

图 3-34　查看本机连接的端口及其状态

3.2.6　检查网络路由节点的 tracert 命令

微视频

使用 tracert 命令可以查看网络中路由节点信息，最常见的使用方法是在 tracert 命令后追加一个参数，表示检测和查看连接当前主机经历了哪些路由节点，适合用于大型网络的测试。该命令的语法格式信息如下：

```
tracert [-d] [-h MaximumHops] [-j Hostlist] [-w Timeout] [TargetName]
```

其中各个参数的含义如下。

- -d：防止解析目标主机的名字，可以加速显示 tracert 命令结果。
- -h MaximumHops：指定搜索到目标地址的最大跳跃数，默认为 30 个跳跃点。
- -j Hostlist：按照主机列表中的地址释放源路由。
- -w Timeout：指定超时时间间隔，默认单位为毫秒。
- TargetName：指定目标计算机。

如果想查看 www.baidu.com 的路由与局域网络连接情况，可在"命令提示符"窗口中输入 tracert www.baidu.com 命令，按 Enter 键，其显示结果如图 3-35 所示。

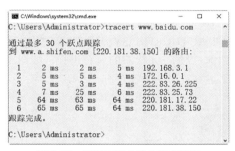

图 3-35　查看网络中路由节点信息

3.2.7　显示主机进程信息的 Tasklist 命令

微视频

Tasklist 命令用来显示运行在本地或远程计算机上的所有进程，带有多个执行参数。Tasklist 命令的格式如下：

```
Tasklist [/S system [/U username [/P [password]]]] [/M [module] | /SVC | /V] [/FI
filter] [/FO format] [/NH]
```

其中各个参数的作用如下。

- /S system：指定连接到的远程系统。
- /U username：指定使用哪个用户执行这个命令。
- /P [password]：为指定的用户指定密码。
- /M [module]：列出调用指定的 DLL 模块的所有进程。如果没有指定模块名，显示每个进程加载的所有模块。
- /SVC：显示每个进程中的服务。
- /V：显示详细信息。
- /FI filter：显示一系列符合筛选器指定的进程。
- /FO format：指定输出格式，有效值有 TABLE、LIST、CSV。
- /NH：指定输出中不显示栏目标题。只对 TABLE 和 CSV 格式有效。

利用 Tasklist 命令可以查看本机中的进程，还可以查看每个进程提供的服务。下面将介绍使用 Tasklist 命令的具体操作步骤：

Step01 在"命令提示符"中输入 Tasklist 命令，按 Enter 键即可显示本机的所有进程，如图 3-36 所示。在显示结果中可以看到映像名称、PID、会话名、会话 # 和内存使用 5 部分。

Step02 Tasklist 命令不但可以查看系统进程，还可以查看每个进程提供的服务。例如，查看本机进程 svchost.exe 提供的服务，在"命令提示符"窗口中输入 Tasklist /svc 命令即可，如图 3-37 所示。

图 3-36　查看本机进程	图 3-37　查看本机进程 svchost.exe 提供的服务

Step03 要查看本地系统中哪些进程调用了 shell32.dll 模块文件，只需在"命令提示符"窗口中输入 Tasklist /m shell32.dll 命令即可显示这些进程的列表，如图 3-38 所示。

Step04 使用筛选器可以查找指定的进程，在"命令提示符"窗口中输入 TASKLIST /FI "USERNAME ne NT AUTHORITY\SYSTEM" /FI "STATUS eq running" 命令，按 Enter 键即可列出系统中正在运行的非 SYSTEM 状态的所有进程，如图 3-39 所示。其中"/FI"为筛选器参数，"ne"和"eq"为关系运算符"不相等"和"相等"。

图 3-38　显示调用 shell32.dll 模块的进程

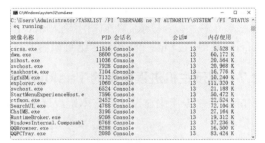

图 3-39　列出系统中正在运行的非 SYSTEM 状态的所有进程

3.3　实战演练

3.3.1　实战 1：使用命令代码清除系统垃圾文件

使用批处理文件可以快速地清除计算机中的垃圾文件，下面将介绍使用批处理文件清除系统垃圾文件的具体步骤。

微视频

Step01 打开记事本文件，在其中输入可以清除系统垃圾的代码，输入的代码如下：

```
@echo off
echo 正在清除系统垃圾文件，请稍等......
del /f /s /q %systemdrive%\*.tmp
del /f /s /q %systemdrive%\*._mp
del /f /s /q %systemdrive%\*.log
del /f /s /q %systemdrive%\*.gid
del /f /s /q %systemdrive%\*.chk
del /f /s /q %systemdrive%\*.old
del /f /s /q %systemdrive%\recycled\*.*
del /f /s /q %windir%\*.bak
del /f /s /q %windir%\prefetch\*.*
rd /s /q %windir%\temp & md %windir%\temp
```

```
del /f /q %userprofile%\cookies\*.*
del /f /q %userprofile%\recent\*.*
del /f /s /q  "%userprofile%\Local Settings\Temporary Internet Files\*.*"
del /f /s /q  "%userprofile%\Local Settings\Temp\*.*"
del /f /s /q  "%userprofile%\recent\*.*"
echo 清除系统垃圾完成!
echo. & pause
```

将上面的代码保存为 del.bat，如图 3-40 所示。

Step02 在"命令提示符"窗口中输入 del.bat 命令，按 Enter 键，可以快速清理系统垃圾，如图 3-41 所示。

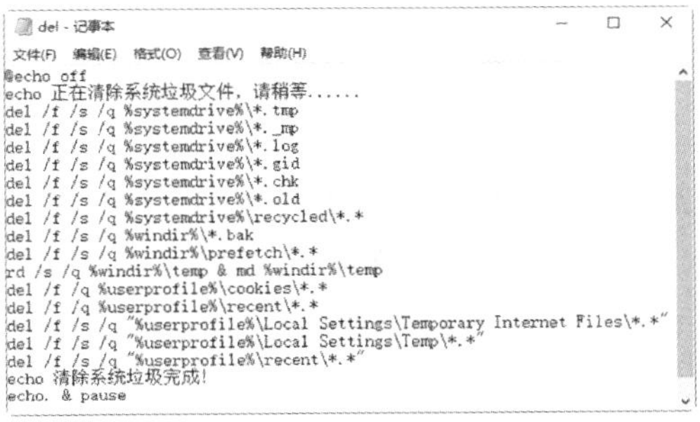

图 3-40　编辑代码

图 3-41　自动清理垃圾

3.3.2　实战 2：使用 shutdown 命令实现定时关机

使用 shutdown 命令可以实现定时关机的功能，具体的操作步骤如下：

Step01 在"命令提示符"窗口中输入 shutdown/s /t 40 命令，如图 3-42 所示。

Step02 弹出一个即将注销用户登录的信息提示框，这样计算机就会在规定的时间内关机，如图 3-43 所示。

Step03 如果此时想取消关机操作，可在命令行中输入命令 shutdown /a 后按 Enter 键，桌面右下角出现如图 3-44 所示的弹窗，表示取消成功。

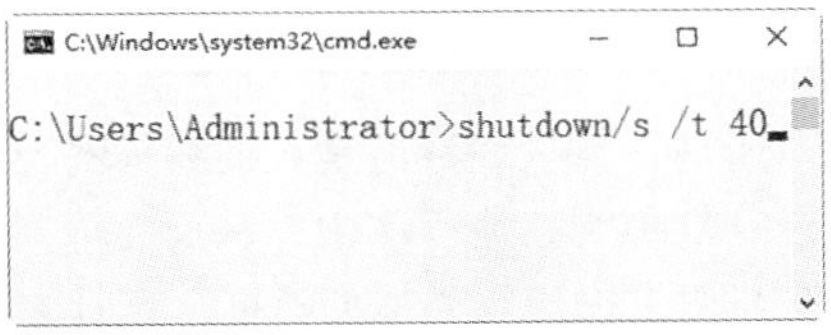

微视频

图 3-42　输入 shutdown/s /t 40 命令

图 3-43　信息提示框

图 3-44　取消关机操作

第 **4** 章

木马病毒的查杀与预防

随着信息化社会的发展，计算机病毒的威胁日益严重，反病毒的任务也更加艰巨。本章就来介绍木马病毒的查杀与预防，主要内容包括什么是病毒与木马、常见的病毒与木马种类以及如何防御病毒与木马的入侵等内容。

4.1 认识病毒

随着网络的普及，病毒也更加泛滥，它对计算机有着强大的控制和破坏能力，能够盗取目标主机的登录账户和密码、删除目标主机的重要文件、重新启动目标主机、使目标主机系统瘫痪等。因此，熟知病毒的相关内容就显得非常重要。

4.1.1 计算机病毒的种类

所谓计算机病毒，是人们编写的一种特殊的计算机程序，能通过修改计算机内的其他程序，并把自身复制到其他程序中，从而完成对其他程序的感染和侵害。之所以称其为"病毒"，是因为它具有与微生物病毒类似的特征：在计算机系统内生存，在计算机系统内传染，还能进行自我复制，并且抢占计算机系统资源，干扰计算机系统正常的工作。

计算机病毒有很多种，主要有以下几类，如表 4-1 所示。

表 4-1 计算机病毒分类

病　　毒	病　毒　特　症
文件型病毒	这种病毒会将它自己的代码附上可执行文件（.exe、.com、.bat 等）
引导型病毒	一类是感染分区的；另一类是感染引导区的
宏病毒	一种寄存在文档或模板中的计算机病毒，打开文档时会被激活，破坏系统和文档的运行
其他类	一些最新的病毒使用网站和电子邮件传播，它们隐藏在 Java 和 ActiveX 程序里面，如果用户下载了含有这种病毒的程序，它们便立即开始破坏活动

4.1.2 计算机中毒的途径

常见计算机中毒的途径有以下几种。

（1）单击超链接中毒。这种入侵方法主要是在网页中放置恶意代码引诱用户点击，一旦用户点击，就会感染病毒，因此，不要随便点击网页中的链接。

（2）网站中存在各种恶意代码，借助浏览器的漏洞，强制用户安装一些恶意软件，有些顽固的软件很难卸载。建议用户及时更新系统补丁，对于不了解的插件不要随便安装，以免给病毒以可乘之机。

（3）通过下载附带病毒的软件中毒。有些破解的软件在安装时会附带安装病毒程序，而此时用户并不知道。建议用户下载正版软件，尽量到官方网站去下载。

（4）通过网络广告中毒。上网时经常可以看到一些自动弹出的广告，包括悬浮广告、异常图片等。特别是一些中奖广告，往往带有病毒链接。

4.1.3　计算机中病毒后的表现

一般情况下，计算机病毒是依附某一系统软件或用户程序进行繁殖和扩散。病毒发作时会危及计算机的正常工作，破坏数据与程序，侵占计算机资源等。

计算机在感染病毒后的现象为：

（1）屏幕显示异常，显示出的不是由正常程序产生的画面或字符串，显示混乱。

（2）程序装入时间增长，文件运行速度下降。

（3）用户并没有访问的设备出现"忙"信号。

（4）磁盘出现莫名其妙的文件和坏区，卷标也发生变化。

（5）系统自行引导。

（6）丢失数据或程序，文件字节数发生变化。

（7）内存空间、磁盘空间减少。

（8）异常死机。

（9）磁盘访问时间比平常增长。

（10）系统引导时间增长。

（11）程序或数据神秘丢失。

（12）可执行文件的大小发生变化。

（13）出现莫名其妙的隐蔽文件。

4.2　查杀病毒

当自己的计算机出现了中毒后的特征后，就需要对其查杀病毒。目前流行的杀毒软件很多，《360 杀毒》是当前使用比较广泛的杀毒软件之一。该软件引用双引擎的机制，拥有完善的病毒防护体系，不但查杀能力出色，而且对于新产生病毒木马能够第一时间进行防御。

4.2.1　安装杀毒软件

《360 杀毒》软件下载完成后，要进行软件安装，具体的操作步骤如下：

Step01 双击《360 杀毒》软件安装程序，打开如图 4-1 所示的安装界面。

图 4-1　《360 杀毒》安装界面

微视频

Step 02 单击"立即安装"按钮，开始安装《360 杀毒》软件，并显示安装的进度，如图 4-2 所示。

Step 03 安装完毕后，打开《360 杀毒》主界面，完成《360 杀毒》的安装，如图 4-3 所示。

图 4-2　安装进度

图 4-3　完成安装

4.2.2　升级病毒库

微视频

病毒库其实就是一个数据库，里面记录着计算机病毒的各种特征，以便及时发现并绞杀它们。只有拥有了病毒库，杀毒软件才能区分病毒和普通程序之间的区别。

新病毒层出不穷。可以说，每天都有难以计数的新病毒产生，想要让计算机能够对新病毒有所防御，就必须要保证本地杀毒软件的病毒库一直处于最新版本。下面以《360 杀毒》的病毒库升级为例进行介绍，具体的操作步骤如下。

1. 手动升级病毒库

升级《360 杀毒》病毒库的具体操作步骤如下：

Step 01 单击《360 杀毒》主界面的"检查更新"链接，如图 4-4 所示。

Step 02 打开"360 杀毒 - 升级"对话框，提示用户正在升级，并显示升级的进度，如图 4-5 所示。

图 4-4　360 杀毒工作界面

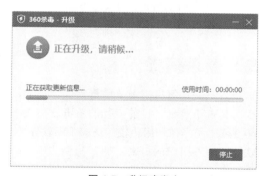

图 4-5　升级病毒库

Step 03 升级完成后，打开"360 杀毒 - 升级"对话框，提示用户升级成功完成，并显示程序的版本等信息，单击"关闭"按钮，完成病毒库的更新，如图 4-6 所示。

2. 制订病毒库升级计划

为了方便用户病毒库的更新，可以给杀毒软件制订一个病毒库自动更新的计划。

Step 01 打开《360 杀毒》的主界面，单击右上角的"设置"链接，如图 4-7 所示。

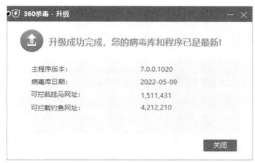

图 4-6　完成病毒库的升级

图 4-7　"设置"链接

Step02 打开"设置"对话框，用户可以通过选择"常规设置""病毒扫描设置""实时防护设置""升级设置""系统白名单"和"免打扰设置"等选项，详细地设置杀毒软件的参数，如图 4-8 所示。

Step03 选择"升级设置"选项，在打开的对话框中用户可以设置自动升级设置和代理服务器设置，设置完成后单击"确定"按钮，如图 4-9 所示。

图 4-8　"设置"对话框

图 4-9　"升级设置"界面

自动升级设置由 3 部分组成，用户可根据需求自行选择。

（1）自动升级病毒特征库及程序：选中该项后，只要 360 杀毒程序发现网络上有病毒库及程序的升级，就会马上自动更新。

（2）关闭病毒库自动升级，每次升级时提醒：网络上有版本升级时，不直接更新，而是给用户一个升级提示框，升级与否由用户自己决定。

（3）关闭病毒库自动升级，也不显示升级提醒：网络上有版本升级时，不进行病毒库升级，也不显示提醒信息。

（4）定时升级：制订一个升级计划，在每天的指定时间直接连接网络上的更新版本进行升级。

注意： 一般不建议读者对代理服务器设置项进行设置。

4.2.3　快速查杀病毒

一旦发现计算机运行不正常，用户首先要分析原因，然后可利用杀毒软件进行杀毒操作。下面以《360 杀毒》查杀病毒为例讲解如何利用杀毒软件杀毒。

使用《360 杀毒》软件杀毒的具体操作步骤如下。

微视频

Step01 启动《360杀毒》，《360杀毒》为用户提供了3种查杀病毒的方式，即快速扫描、全盘扫描和自定义扫描，如图4-10所示。

Step02 这里选择快速扫描方式，单击"快速扫描"按钮，开始扫描系统中病毒文件，如图4-11所示。

图4-10　选择杀毒方式　　　　　　　　　　　　图4-11　快速扫描

Step03 在扫描的过程中，如果发现木马病毒，会在下面的空格中显示扫描出来的木马病毒，并列出其危险程度和相关描述信息，如图4-12所示。

Step04 单击"立即处理"按钮，可删除扫描出来的木马病毒或安全威胁对象，如图4-13所示。

图4-12　扫描完成　　　　　　　　　　　　　　图4-13　显示高危风险项

Step05 单击"确定"按钮，返回到"360杀毒"窗口，在其中会显示被《360杀毒》处理了的项目概况，如图4-14所示。

Step06 单击"隔离区"超链接，打开"360恢复区"对话框，在其中会显示被《360杀毒》处理的项目，如图4-15所示。

图4-14　处理病毒文件　　　　　　　　　　　　图4-15　"360恢复区"对话框

Step07 勾选"全选"复选框，选中所有恢复区的项目，如图 4-16 所示。

Step08 单击"清空恢复区"按钮，弹出一个信息提示框，提示用户是否确定要一键清空恢复区的所有隔离项，如图 4-17 所示。

图 4-16　选中所有恢复区的项目

图 4-17　信息提示框

Step09 单击"确定"按钮，开始清除恢复区所有的项目，并显示清除的进度，如图 4-18 所示。

Step10 清除恢复区所有项目后，将返回"360 恢复区"对话框，如图 4-19 所示。

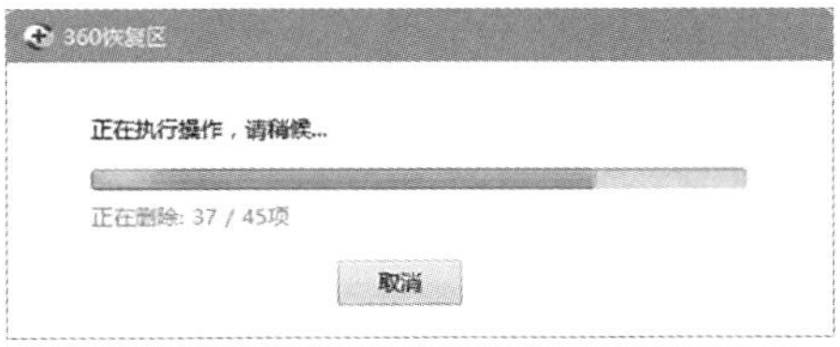

图 4-18　清除恢复区所有的项目

图 4-19　"360 恢复区"对话框

另外，使用《360 杀毒》还可以对系统进行全盘杀毒。只需在病毒查杀选项卡下单击"全盘扫描"按钮即可，全盘扫描和快速扫描类似，这里不再赘述。

4.2.4　自定义查杀病毒

下面再来介绍如何对指定位置进行病毒的查杀，具体的操作步骤如下。

Step01 在《360 杀毒》工作界面中单击"自定义扫描"图标，如图 4-20 所示。

Step02 打开"选择扫描目录"对话框，在需要扫描的目录或文件前勾选相应的复选框，这里勾选"本地磁盘（C）"复选框，如图 4-21 所示。

Step03 单击"扫描"按钮，开始对指定目录进行扫描，如图 4-22 所示。

微视频

图 4-20　选择"自定义扫描"

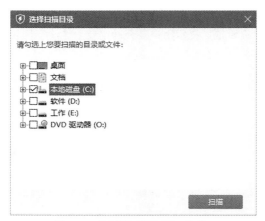

图 4-21　"选择扫描目录"对话框

图 4-22　扫描指定目录

其余步骤和快速查杀相似，不再详细介绍。

提示：大部分杀毒软件查杀病毒的方法比较相似，用户可以利用自己的杀毒软件进行类似的查杀操作。

4.2.5　查杀宏病毒

微视频

使用《360 杀毒》还可以对宏病毒进行查杀，具体的操作步骤如下。

Step01 在《360 杀毒》的主界面中单击"宏病毒扫描"图标，如图 4-23 所示。

Step02 打开"360 杀毒"对话框，提示用户扫描前需要关闭已经打开的 Office 文档，如图 4-24 所示。

图 4-23　选择"宏病毒扫描"图标

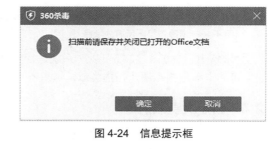

图 4-24　信息提示框

Step03 单击"确定"按钮，开始扫描计算机中的宏病毒，并显示扫描的进度，如图 4-25 所示。

Step04 扫描完成后，可对扫描出来的宏病毒进行处理。这与快速查杀相似，这里不再详细介绍。

4.3　认识木马

在计算机领域中，木马是一类恶意程序，具有隐藏性和自发性等特征，可被用来进行恶意攻击。

图 4-25　显示扫描进度

4.3.1　常见的木马类型

木马又被称为特洛伊木马，是一种基于远程控制的黑客工具。在黑客进行的各种攻击行为中，木马都起到了开路先锋的作用。一台计算机一旦中了木马，就变成了一台傀儡机，对方可以在目标计算机中上传下载文件、偷窥私人文件、偷取各种密码及口令信息等。可以说，该计算机的一切秘密都将暴露在黑客面前，隐私将不复存在！

随着网络技术的发展，现在的木马可谓形形色色，种类繁多，并且还在不断增加。因此，要想一次性列举出所有的木马种类，是不可能的。从木马的主要攻击能力来划分，常见的木马主要有以下几种类型。

1．网络游戏木马

由于网络游戏中的金钱、装备等虚拟财富与现实财富之间的界限越来越模糊，以盗取网络游戏账号密码为目的的木马也随之泛滥起来。网络游戏木马通常采用记录用户键盘输入、游戏进程、API 函数等方法获取用户的密码和账号，窃取到的信息一般通过发送电子邮件或向远程脚本程序提交的方式发送给木马制作者。

2．网银木马

网银木马是针对网上交易系统编写的木马，其目的是盗取用户的卡号、密码等信息。此类木马的危险非常直接，受害用户的损失也更加惨重。

网银木马通常针对性较强，木马作者可能首先对某银行的网上交易系统进行仔细分析，然后针对安全薄弱环节编写病毒程序。如"网银大盗"木马，在用户进入银行网银登录页面时，会自动把页面换成安全性能较差、但依然能够运转的老版页面，然后记录用户在此页面上填写的卡号和密码。随着网上交易的普及，受到外来网银木马威胁的用户也在不断增加。

3．即时通信软件木马

现在，即时通信软件百花齐放，如 QQ、微信等，而且网上聊天的用户群也十分庞大，常见的即时通信类木马一般有发送消息型与盗号型。

（1）发送消息型木马：通过即时通信软件自动发送含有恶意网址的消息，目的在于让收到消息的用户点击网址激活木马。用户中木马后又会向更多好友发送木马消息，此类木马常用技术是控制聊天窗口，进而利用该窗口自动发送文本内容。

（2）盗号型木马：主要目标在于即时通信软件的登录账号和密码，工作原理和网络游戏木马类似。木马作者盗得他人账号后，可以偷窥聊天记录等隐私内容。

4．破坏性木马

顾名思义，破坏性木马唯一的功能就是破坏感染木马的计算机文件系统，使其遭受系统崩溃或者重要数据丢失的巨大损失。

5．代理木马

代理木马最重要的任务是给被控制的"肉鸡"种上代理木马，让其变成攻击者发动攻击的跳板。通过这类木马，攻击者可在匿名情况下使用 Telnet、ICO、IRC 等程序，从而在入侵的同时隐蔽自己的踪迹，防止别人发现自己的身份。

6．FTP 木马

FTP 木马的唯一功能就是打开 21 端口并等待用户连接，新 FTP 木马还加上了密码功能，这样只有攻击者本人才知道正确的密码，从而进入对方的计算机。

7．反弹端口型木马

反弹端口型木马的服务端（被控制端）使用主动端口，客户端（控制端）使用被动端口，正好与一般木马相反。木马定时监测控制端的情况，发现控制端上线立即弹出，主动连接控制端打开的主动端口。

4.3.2　木马常用的入侵方法

木马程序千变万化，但大多数木马程序并没有特别的功能，入侵方法大致相同。常见的入侵方法有以下几种。

1. 在 Win.ini 文件中加载

Win.ini 文件位于 C:\Windows 目录下，在文件的 [windows] 段中有启动命令 run= 和 load=，一般此两项为空。如果等号后面存在程序名，则可能就是木马程序，应特别当心，这时可根据其提供的源文件路径和功能做进一步检查。

这两项分别是用来当系统启动时自动运行和加载程序的，如果木马程序加载到这两个子项中，系统启动后即可自动运行或加载木马程序。这两项是木马经常攻击的方向，一旦攻击成功，还会在现有加载的程序文件名之后再加一个它自己的文件名或者参数，这个文件名也往往是常见的文件，如用 command.exe、sys.com 等来伪装。

2. 在 System.ini 文件中加载

System.ini 位于 C:\Windows 目录下，其 [boot] 字段的 shell=Explorer.exe 是木马喜欢的隐藏加载地方。如果 shell=Explorer.exe file.exe，则 file.exe 就是木马服务端程序。

另外，在 System.ini 中的 [386Enh] 字段中，要注意检查字段内的 driver ＝路径 \ 程序名也有可能被木马所利用。再有就是 System.ini 中的 mic、drivers、drivers32 这 3 个字段，也是起加载驱动程序的作用，同时也是增添木马程序的好场所。

3. 隐藏在启动组中

有时木马并不在乎自己的行踪，而在意是否可以自动加载到系统中。启动组无疑是自动加载运行木马的好场所，其对应文件夹为 C:\Windows\startmenu\programs\startup。在注册表中的位置是：HKEY_CURRENT_USER\Software\Microsoft\Windows\Current Version\Explorer\shell Folders Startup="c:\Windows\start menu\programs\startup"，所以要检查启动组。

4. 加载到注册表中

由于注册表比较复杂，所以很多木马都喜欢隐藏在这里。木马一般会利用注册表中的下面的几个子项来加载。

```
HKEY_LOCAL_MACHINE\Software\Microsoft\Windows\CurrentVersion\RunServersOnce;
HKEY_LOCAL_MACHINE\Software\Microsoft\Windows\Current Version\Run;
HKEY_LOCAL_MACHINE\Software\Microsoft\Windows\Current Version\RunOnce;
HKEY_CURRENT_USER\Software\Microsoft\Windows\Current Version\Run;
HKEY_ CURRENT_USER\Software\Microsoft\Windows\Current Version\RunOnce;
HKEY_ CURRENT_USER\Software\Microsoft\Windows\CurrentVersion\RunServers;
```

5. 修改文件关联

修改文件关联也是木马常用的入侵手段。当用户一旦打开已修改了文件关联的文件后，木马也随之被启动，如冰河木马就是利用文本文件（.txt）这个最常见但又最不引人注目的文件格式关联来加载自己，当中了该木马的用户打开文本文件时就自动加载了冰河木马。

6. 设置在超链接中

这种入侵方法主要是在网页中放置恶意代码引诱用户点击，一旦用户单击超链接，就会感染木马。因此，不要随便点击网页中的链接。

4.4　木马常用的伪装手段

很多用户对木马都有初步的了解，并在一定程度上阻碍了木马的传播，这是运用木马进行攻击的黑客所不愿意看到的。因此，黑客们往往会使用多种方法来伪装木马，迷惑用户，从而达到欺骗用户的目的。木马常用的伪装手段很多，如伪装成可执行文件、网页、图片、电子书等。

4.4.1 伪装成可执行文件

利用 EXE 捆绑机可以将木马与正常的可执行文件捆绑在一起，从而使木马伪装成可执行文件，运行捆绑后的文件等于同时运行了两个文件。将木马伪装成可执行文件的具体操作步骤如下。

Step 01 下载并解压缩 EXE 捆绑机，双击其中的可执行文件，打开"EXE 捆绑机"主界面，如图 4-26 所示。

Step 02 单击"点击这里 指定第一个可执行文件"按钮，打开"请指定第一个可执行文件"对话框，在其中选择第一个可执行文件，如图 4-27 所示。

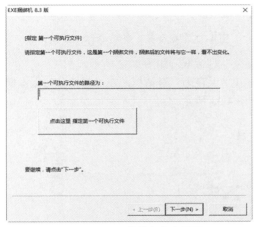

图 4-26 "EXE 捆绑机"主界面

图 4-27 "请指定第一个可执行文件"对话框

Step 03 单击"打开"按钮，返回"指定 第一个可执行文件"对话框，如图 4-28 所示。

Step 04 单击"下一步"按钮，打开"指定 第二个可执行文件"对话框，如图 4-29 所示。

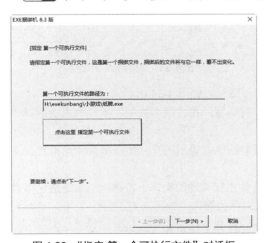

图 4-28 "指定 第一个可执行文件"对话框

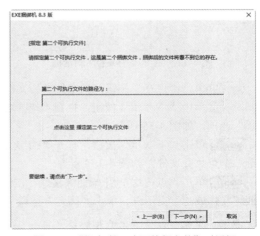

图 4-29 "指定 第二个可执行文件"对话框

Step 05 单击"点击这里 指定第二个可执行文件"按钮，打开"请指定第二个可执行文件"对话框，在其中选择已经制作好的木马文件，如图 4-30 所示。

Step 06 单击"打开"按钮，返回"指定 第二个可执行文件"对话框，如图 4-31 所示。

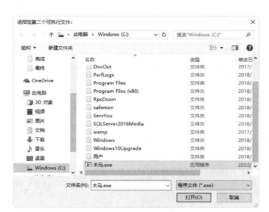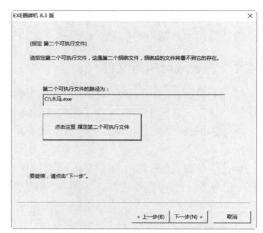

图 4-30　选择制作好的木马文件　　　　　图 4-31　"指定 第二个可执行文件"对话框

Step07 单击"下一步"按钮，打开"指定 保存路径"对话框，如图 4-32 所示。

Step08 单击"点击这里 指定保存路径"按钮，打开"保存为"对话框，在"文件名"文本框中输入可执行文件的名称，并设置文件的保存类型，如图 4-33 所示。

图 4-32　"指定 保存路径"对话框　　　　　图 4-33　"保存为"对话框

Step09 单击"保存"按钮，指定捆绑后文件的保存路径，如图 4-34 所示。

Step10 单击"下一步"按钮，打开"选择版本"对话框，在"版本类型"下拉列表中选择"普通版"选项，如图 4-35 所示。

Step11 单击"下一步"按钮，打开"捆绑文件"对话框，提示用户开始捆绑第一个可执行文件与第二个可执行文件，如图 4-36 所示。

Step12 单击"点击这里 开始捆绑文件"按钮，开始进行文件的捆绑。待捆绑结束之后，可看到"捆绑文件成功"提示框。单击"确定"按钮，结束文件的捆绑，如图 4-37 所示。

提示：黑客可以使用木马捆绑技术将一个正常的可执行文件和木马捆绑在一起。一旦用户运行这个包含有木马的可执行文件，黑客就可以通过木马控制或攻击用户的计算机。

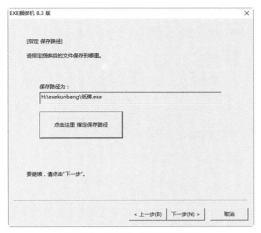

图 4-34　指定文件的保存路径

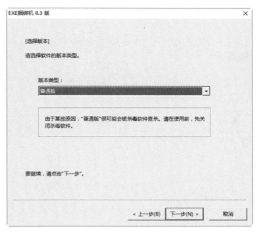

图 4-35　"选择版本"对话框

图 4-36　"捆绑文件"对话框

图 4-37　"捆绑文件成功"提示框

4.4.2　伪装成自解压文件

利用 WinRAR 的压缩功能可以将正常的文件与木马捆绑在一起，并生成自解压文件，一旦用户运行该文件，就会激活木马文件，这也是木马常用的伪装手段之一。具体的操作步骤如下：

Step 01 准备好要捆绑的文件，这里选择是一个蜘蛛纸牌和木马文件（木马 .exe），存放在同一个文件夹下，如图 4-38 所示。

Step 02 选中蜘蛛纸牌和木马文件（木马 .exe）所在的文件夹并右击，在弹出的快捷菜单中选择"添加到压缩文件"选项，如图 4-39 所示。

Step 03 随即打开"压缩文件名字和参数"对话框。在"压缩文件名"文本框中输入要生成的压缩文件的名称，并勾选"创建自解压格式压缩文件"复选框，如图 4-40 所示。

图 4-38　选择捆绑文件窗口

图 4-39 "添加到压缩文件"选项

图 4-40 "常规"选项卡

Step04 选择"高级"选项卡，在其中分别勾选"保存文件安全数据""保存文件流数据""后台压缩""完成操作后关闭计算机电源""如果其他 WinRAR 副本被激活则等待"复选框，如图 4-41 所示。

Step05 单击"自解压选项"按钮，打开"高级自解压选项"对话框，在"解压路径"文本框中输入解压路径，并选中"在当前文件夹中创建"单选按钮，如图 4-42 所示。

图 4-41 "高级"选项卡

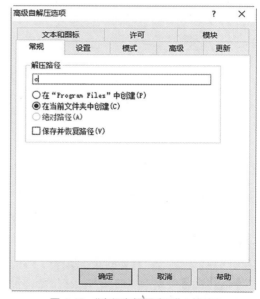

图 4-42 "高级自解压选项"对话框

Step06 选择"模式"选项卡，在其中选中"全部隐藏"单选按钮，这样可以提高木马程序的隐蔽性，如图 4-43 所示。

Step07 为了更好地迷惑用户，还可以在"文本和图标"选项卡下设置自解压窗口标题、自解压文件徽标和图标等，如图 4-44 所示。

Step08 设置完毕后，单击"确定"按钮，返回"压缩文件名和参数"对话框。在"注释"选项卡中可以看到各项设置，如图 4-45 所示。

Step09 单击"确定"按钮，生成一个名为"蜘蛛纸牌"自解压的压缩文件。这样用户一旦运行该文件就会中木马，如图 4-46 所示。

图 4-43　"模式"选项卡

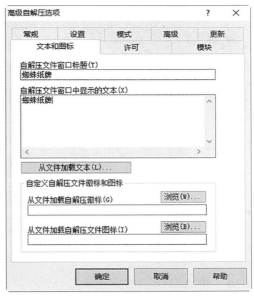

图 4-44　"文本和图标"选项卡

图 4-45　"注释"选项卡

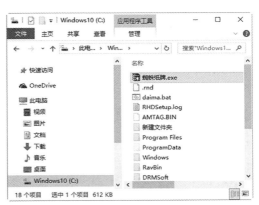

图 4-46　自解压压缩文件

4.4.3　将木马伪装成图片

将木马伪装成图片是许多木马制作者常用来骗别人执行木马的方法，例如将木马伪装成 GIF、JPG 等，这种方式可以使很多人中招。用户可以使用图片木马生成器工具将木马伪装成图片，具体的操作步骤如下。

Step 01 下载并运行"图片木马生成器"程序，打开"图片木马生成器"主窗口，如图 4-47 所示。

Step 02 在"网页木马地址"和"真实图片地址"文本框中分别输入网页木马和真实图片地址，在"选择图片格式"下拉列表中选择 jpg 选项，如图 4-48 所示。

Step 03 单击"生成"按钮，随即弹出"图片木马生成完毕"提示框，单击"确定"按钮，关闭该提示框。这样只要打开该图片，就可以自动把该地址的木马下载到本地并运行，如图 4-49 所示。

图 4-47 "图片木马生成器"主窗口

图 4-48 设置图片信息

图 4-49 信息提示框

4.4.4 将木马伪装成网页

网页木马实际上是一个 HTML 网页，与其他网页不同，该网页是黑客精心制作的，用户一旦访问了该网页就会中木马。下面以最新网页木马生成器为例介绍制作网页木马的过程。

提示：在制作网页木马之前，必须有一个木马服务器端程序，在这里使用生成木马程序文件名为 muma.exe。

Step 01 运行"最新网页木马生成器"主程序，打开其主界面，如图 4-50 所示。

Step 02 单击"选择木马"文本框右侧"浏览"按钮，打开"另存为"对话框，在其中选择刚才准备的木马文件木马 .exe，如图 4-51 所示。

图 4-50 "最新网页木马生成器"主界面

图 4-51 "另存为"对话框

Step 03 单击"保存"按钮，返回"最新网页木马生成器"主界面。在"网页目录"文本框中输入相应的网址，如 http://www.index.com/，如图 4-52 所示。

Step 04 单击"生成目录"文本框右侧"浏览"按钮，打开"浏览文件夹"对话框，在其中选择生成目录保存的位置，如图 4-53 所示。

图 4-52　输入网址

图 4-53　"浏览文件夹"对话框

Step 05 单击"确定"按钮，返回"最新网页木马生成器"主界面，如图 4-54 所示。

Step 06 单击"生成"按钮，弹出一个信息提示框，提示用户网页木马创建成功！单击"确定"按钮，生成网页木马，如图 4-55 所示。

图 4-54　"最新网页木马生成器"主界面

图 4-55　信息提示框

Step 07 在木马生成目录 H:\7.20 wangye 文件夹中可以看到生成的 bbs003302.css、bbs003302.gif 以及 index.htm 这 3 个网页木马。其中 index.htm 是网站的首页文件，而另外两个是调用文件，如图 4-56 所示。

Step 08 将生成的 3 个木马上传到前面设置的存在木马的 Web 文件夹中，当浏览者一旦打开这个网页，浏览器就会自动在后台下载指定的木马程序并开始运行。

提示：在设置存放木马的 Web 文件夹路径时，设置的路径必须是某个可访问的文件夹，一般位于自己申请的一个免费网站上。

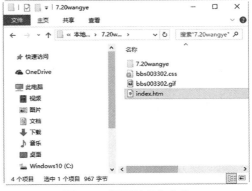

图 4-56　"网页木马"文件

4.5 检测与查杀木马

木马是黑客最常用的攻击方法，影响网络和计算机的正常运行，其危害程度越来越严重，主要表现在于其对计算机系统有强大的控制和破坏能力，如窃取主机的密码、控制目标主机的操作系统和文件等。

4.5.1 使用《360 安全卫士》查杀木马

使用《360 安全卫士》可以查杀系统中的顽固木马病毒文件，以保证系统安全。使用《360 安全卫士》查杀顽固木马病毒的操作步骤如下。

Step01 在《360 安全卫士》的工作界面中单击"木马查杀"按钮，进入《360 安全卫士》木马病毒查杀工作界面，在其中可以看到《360 安全卫士》为用户提供了三种查杀方式，如图 4-57 所示。

Step02 单击"快速查杀"按钮，开始快速扫描系统关键位置，如图 4-58 所示。

图 4-57　360 安全卫士

图 4-58　扫描木马信息

Step03 扫描完成后，给出扫描结果，对于扫描出来的危险项，用户可以根据实际情况自行清理，也可以直接单击"一键处理"按钮，对扫描出来的危险项进行处理，如图 4-59 所示。

Step04 单击"一键处理"按钮，开始处理扫描出来的危险项，处理完成后，打开"360 木马查杀"对话框，在其中提示用户处理成功，如图 4-60 所示。

图 4-59　扫描出的危险项

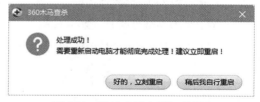

图 4-60　"360 木马查杀"对话框

4.5.2 使用《木马专家》清除木马

《木马专家 2022》是专业防杀木马软件，针对目前流行的木马病毒特别有效，可以彻底查杀各种流行的 QQ 盗号木马、网游盗号木马、"灰鸽子"、黑客后门等十万种木马间谍程序，是计算机不可缺少的坚固防线。使用《木马专家》查杀木马的具体操作步骤如下。

Step01 双击桌面上的《木马专家 2022》快捷图标，打开如图 4-61 所示的界面，提示用户程序正在载入。

Step 02 程序载入完成后，弹出"木马专家 2022"的工作界面，如图 4-62 所示。

图 4-61 木马专家启动界面

图 4-62 "木马专家 2022"工作界面

Step 03 单击"扫描内存"按钮，弹出"扫描内存"信息提示框，提示用户是否使用云鉴定全面分析系统，如图 4-63 所示。

Step 04 单击"确定"按钮，开始对计算机内存进行扫描，如图 4-64 所示。

图 4-63 "扫描内存"信息提示框

图 4-64 扫描计算机内存

Step 05 扫描完成后，会在右侧的窗格中显示扫描的结果，如果存在有木马，直接将其删除即可，如图 4-65 所示。

Step 06 单击"扫描硬盘"按钮，进入"硬盘扫描分析"工作界面，其中提供了 3 种扫描模式，分别是开始快速扫描、开始全面扫描与开始自定义扫描，用户可以根据自己的需要进行选择，如图 4-66 所示。

图 4-65 显示扫描的结果

图 4-66 "硬盘扫描分析"工作界面

Step07 这里单击"开始快速扫描"按钮，开始对计算机进行快速扫描，如图 4-67 所示。

Step08 扫描完成后，会在右侧的窗格中显示扫描的结果，如图 4-68 所示。

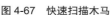

图 4-67　快速扫描木马

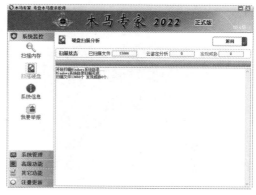

图 4-68　扫描结果

Step09 单击"系统信息"按钮，进入"系统信息"工作界面，可以查看计算机内存与 CUP 的使用情况，同时可以对内存进行优化处理，如图 4-69 所示。

Step10 单击"系统管理"按钮，进入"系统管理"工作界面，可以对计算机的进程、启动项等内容进行管理操作，如图 4-70 所示。

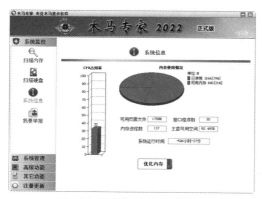

图 4-69　"系统信息"工作界面

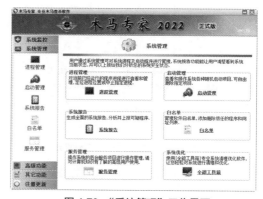

图 4-70　"系统管理"工作界面

图 4-71　"高级功能"工作界面

Step11 单击"高级功能"按钮，进入木马专家的"高级功能"工作界面，可以对计算机进行系统修复、隔离仓库等高级功能的操作，如图 4-71 所示。

Step12 单击"其他功能"按钮，进入"其他功能"工作界面，可以查看网络状态、监控日志等，同时还可以对 U 盘病毒进行免疫处理，如图 4-72 所示。

Step13 单击"注册更新"按钮，并单击其下方的"功能设置"按钮，可在打开的界面中设置木马专家 2022 的相关功能，如图 4-73 所示。

图 4-72 "其他功能"工作界面

图 4-73 "功能设置"工作界面

4.6　实战演练

4.6.1　实战1：在 Word 中预防宏病毒

微视频

包含宏的工作簿更容易感染病毒，用户需要提高宏的安全性。下面以在 Word 2016 中预防宏病毒为例介绍预防宏病毒的方法，具体的操作步骤如下。

Step01 打开包含宏的工作簿，选择"文件"→"选项"选项，如图 4-74 所示。

Step02 打开"Word 选项"对话框，选择"信任中心"选项，然后单击"信任中心设置"按钮，如图 4-75 所示。

Step03 打开"信任中心"对话框，在左侧列表中选择"宏设置"选项，然后在"宏设置"列表中选中"禁用无数字签署的所有宏"单选按钮，单击"确定"按钮，如图 4-76 所示。

图 4-74 "选项"选项

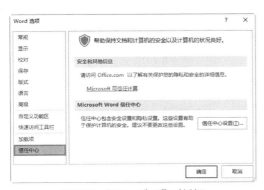
图 4-75 "Word 选项"对话框

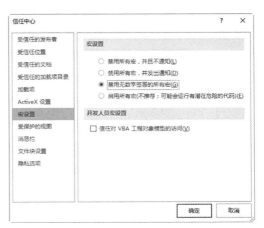
图 4-76 "信任中心"对话框

4.6.2　实战 2：在安全模式下查杀病毒

微视频

安全模式的工作原理是在不加载第三方设备驱动程序的情况下启动计算机，使计算机运行系统最小模式，这样用户就可以方便地查杀病毒，还可以检测与修复计算机系统的错误。下面以 Windows 10 操作系统为例介绍在安全模式下查杀并修复系统错误的方法，具体的操作步骤如下。

Step 01 按 Windows+R 组合键，弹出的"运行"对话框，在"打开"文本框中输入 msconfig 命令，单击"确定"按钮，如图 4-77 所示。

Step 02 打开"系统配置"对话框，选择"引导"选项卡，在引导选项下，勾选"安全引导"复选框并选中"最小"单选按钮，如图 4-78 所示。

图 4-77　"运行"对话框

图 4-78　"系统配置"对话框

Step 03 单击"确定"按钮，进入系统的安全模式，如图 4-79 所示。

Step 04 进入安全模式后，运行杀毒软件，进行病毒的查杀，如图 4-80 所示。

图 4-79　系统安全模式

图 4-80　查杀病毒

第5章

网络中的踩点侦察与漏洞扫描

黑客在入侵之前，都会进行踩点以收集相关信息，然后扫描系统的相关漏洞，最后就可以利用相关攻击手段进行攻击。针对黑客入侵的相关规律和过程，本章就来介绍网络踩点侦察与系统漏洞扫描的相关知识，主要内容包括踩点与侦察范围、确定扫描的范围以及获取相关服务与端口信息等。

5.1 网络中的踩点侦察

踩点，概括地说就是获取信息的过程。踩点是黑客实施攻击之前必须要做的工作之一，踩点过程中所获取的目标信息决定着攻击是否成功。下面具体介绍实施踩点的具体流程，只有了解了具体的踩点流程，才能更好地保护计算机安全。

5.1.1 侦察对方是否存在

黑客在攻击之前，需要确定目标主机是否存在，目前确定目标主机是否存在最为常用的方法就是使用 ping 命令。ping 命令常用于对固定 IP 地址的侦察，下面就以侦察某网站的 IP 地址为例，其具体的操作步骤如下：

微视频

Step 01 在 Windows 10 系统界面中，右击"开始"按钮，在弹出的快捷菜单中选择"运行"选项，打开"运行"对话框，在"打开"文本框中输入 cmd，如图 5-1 所示。

Step 02 单击"确定"按钮，打开"命令提示符"窗口，在其中输入 ping www.baidu.com 命令，如图 5-2 所示。

图 5-1 "运行"对话框

图 5-2 "运行"对话框

Step03 按 Enter 键，可显示出 ping 百度网站的结果，如果 ping 通过了，将会显示该 IP 地址返回的字节、时间和 TTL 的值，说明该目标主机一定存在于网络之中，这样就具有了进一步攻击的条件，而且时间越短，表示响应越快，如图 5-3 所示。

Step04 如果 ping 不通过，则会出现"无法访问目标主机"提示信息，这就表明对方要么不在网络中，要么没有开机，要么是对方存在，但是设置了 ICMP 数据包的过滤等。ping IP 地址为"192.168.0.100"不通过的结果，如图 5-4 所示。

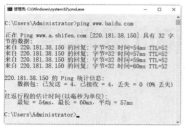

图 5-3　ping 百度网站的结果

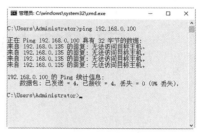

图 5-4　ping 命令不通过的结果

注意： 在 ping 没有通过，且计算机又存在网络中的情况下，要想攻击该目标主机，就比较容易被发现，达到攻击目的就比较难。

另外，在实际侦察对方是否存在的过程中，如果是一个 IP 地址一个 IP 地址地侦察将会浪费很多精力和时间，那么有什么方法来解决这一问题呢？其实这个问题不难解决，因为目前网络上存在有多种扫描工具，这些工具的功能非常强大，除了可以对一个 IP 地址进行侦察，还可以对一个 IP 地址范围内的主机进行侦察，从而得出目标主机是否存在以及开放的端口和操作系统类型等，常用的工具有 SuperScan、nmap 等。

利用 SuperScan 扫描 IP 地址范围内的主机的操作步骤如下：

Step01 双击下载的 SuperScan 可执行文件，打开 SuperScan 操作界面，在"扫描"选项卡的"IP 地址"栏目中输入开始 IP 和结束 IP，如图 5-5 所示。

Step02 单击"扫描"按钮即可进行扫描。在扫描完毕之后，可在 SuperScan 操作界面中查看扫描结果，主要包括在该 IP 地址范围内哪些主机是存在的，非常方便直观，如图 5-6 所示。

图 5-5　"SuperScan"操作界面

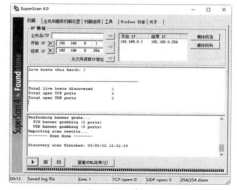

图 5-6　扫描结果

5.1.2　侦察对方的操作系统

微视频

黑客在入侵某台主机时，事先必须侦察出该计算机的操作系统类型，这样才能根据需要采取相应的攻击手段，以达到自己的攻击目的。常用侦察对方操作系统的方法为使用 ping 命令探知对方的操作系统。

一般情况下，不同的操作系统对应的 TTL 返回值也不相同，Windows 操作系统对应的 TTL 值一般为 128；Linux 操作系统的 TTL 值一般为 64。因此，黑客在使用 ping 命令与目标主机相连接时，可以根据不同的 TTL 值来推测目标主机的操作系统类型，一般在 128 左右的数值是 Windows 系列的机器，64 左右的数值是 Linux 系列的。这是因为不同的操作系统的机器对 ICMP 报文的处理与应答也有所不通，TTL 的值是每过一个路由器就会减 1。

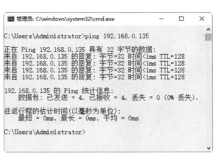

在"运行"对话框中输入 cmd，单击"确定"按钮，打开 cmd 命令行窗口，在其中输入 ping 192.168.0.135 命令，然后按 Enter 键，可查看 ping 到的数据信息，如图 5-7 所示。

通过分析上述操作代码结果，可以看到其返回 TTL 值为 128，说明该主机的操作系统是一个 Windows 操作系统。

图 5-7　数据信息

5.1.3　确定可能开放的端口服务

微视频

确定目标主机可能开放的端口的方法有多种，常用的方法是使用扫描工具，如 SuperScan 等，还可以使用相关命令查看本机开启的端口。具体的操作步骤如下：

Step01 在"命令提示符"窗口中输入 netstat -a -n 命令，按 Enter 键即可查看本机中开启的端口，在运行结果中可以看到以数字形式显示的 TCP 和 UDP 连接的端口号及其状态，如图 5-8 所示。

Step02 启动 SuperScan 程序，然后切换到"主机和服务器扫描设置"选项卡，在其中对想要扫描的 UDP 和 TCP 端口进行设置，如图 5-9 所示。

图 5-8　"netstat -a -n"命令

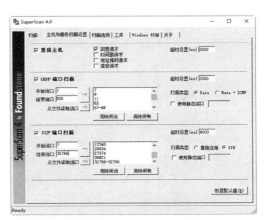

图 5-9　设置 UDP 和 TCP 端口

Step03 切换到"扫描"选项卡，在其中输入目标开始 IP 地址和结束 IP 地址，如图 5-10 所示。

Step04 单击 ▶ 按钮，开始扫描地址，在扫描进程结束之后，SuperScan 将提供一个主机列表，用于显示每台扫描过的主机被发现的开放端口信息，如图 5-11 所示。

Step05 SuperScan 还可以 HTML 格式显示信息的功能。单击"查看 HTML 结果"按钮，可显示扫描了哪些主机和在每台主机上哪些端口是开放的，并生成一份 HTML 的报告，如图 5-12 所示。

图 5-10　设置 IP 地址段

图 5-11　扫描开放端口信息

SuperScan Report - 03/09/22 18:15:22

IP	192.168.0.1
Hostname	[Unknown]
UDP Ports (1)	
53	Domain Name Server
UDP Port	Banner
53 Domain Name Server	BIND version: 8.4.

IP	192.168.0.7
Hostname	[Unknown]
Netbios Name	WWW-A4045516006
Workgroup/Domain	WORKGROUP
UDP Ports (1)	
137	NETBIOS Name Service
UDP Port	Banner

图 5-12　HTML 的报告

5.1.4　查询 Whois 和 DNS

1. 查询 Whois

微视频

一个网站在制作完毕后，要想发布到互联网上，还需要向有关机构申请域名。申请到的域名信息将被保存到域名管理机构的数据库中，任何用户都可以进行查询，这就使黑客有机可乘了。因此，踩点流程中就少不了查询 Whois，在中国互联网信息中心网页上可以查询 Whois。

（1）在中国互联网信息中心上查询。

中国互联网信息中心是非常权威域名管理机构，在该机构的数据库中记录着所有以 .cn 为结尾的域名注册信息。查询 Whois 的操作步骤如下：

Step01 在 Microsoft Edge 浏览器中的地址栏中输入中国互联网信息中心的网址"http://www.cnnic.net.cn/"，打开其查询页面，如图 5-13 所示。

Step02 在其中的"查询"区域中的文本框中输入要查询的中文域名，如这里输入"淘宝 .cn"，然后输入验证码，如图 5-14 所示。

Step03 单击"查询"按钮，打开"验证码"对话框，在"验证码"文本框中输入验证码，如图 5-15 所示。

Step04 单击"确定"按钮，可看到要查询域名的详细信息，如图 5-16 所示。

图 5-13　互联网信息中心

图 5-14　输入中文域名

图 5-15　"验证码"对话框

图 5-16　域名详细信息

（2）在中国万网上查询。

中国万网是中国最大的域名和网站托管服务提供商，它提供 .cn 的域名注册信息，而且还可以查询 .com 等域名信息。查询 Whois 的操作步骤如下。

Step 01 在 Microsoft Edge 浏览器中的地址栏中输入万网的网址 "https://wanwang.aliyun.com/"，打开其查询页面，如图 5-17 所示。

Step 02 在打开的页面中的"域名"文本框中输入要查询的域名，然后单击"查询域名"按钮，可看到相关的域名信息，如图 5-18 所示。

图 5-17　万网首页

图 5-18　域名详细信息

图 5-19　Whois 信息

Step03 在域名信息右侧，单击"Whois 信息"超链接，可查看 Whois 信息，如图 5-19 所示。

2. 查询 DNS

DNS 即域名系统，是互联网的一项核心服务。简单地说，利用 DNS 服务系统可以将互联网上的域名与 IP 地址进行域名解析。因此，计算机只认识 IP 地址，不认识域名。该系统作为可以将域名和 IP 地址相互转换的一个分布式数据库，能够帮助用户更为方便地访问互联网，而不用记住被机器直接读取的 IP 地址。

目前，查询 DNS 的方法比较多，常用的方式是使用 Windows 系统自带的 nslookup 工具来查询 DNS 中的各种数据。下面介绍 2 种使用 nslookup 查看 DNS 的方法。

（1）命令行方式。

该方式主要是用来查询域名对方的 IP 地址，也即查询 DNS 的记录，通过该记录黑客可以查询该域名的主机所存放的服务器，其命令格式为：`nslookup 域名`。

例如想要查看 www.baidu.com 对应的 IP 信息，其具体的操作步骤如下：

Step01 打开"命令提示符"窗口，在其中输入 nslookup www.baidu.com 命令，如图 5-20 所示。

Step02 按 Enter 键，得出其运行结果，在运行结果中可以看到"名称"和"Addresses"行分别对应域名和 IP 地址，而最后一行显示的是目标域名并注明别名，如图 5-21 所示。

图 5-20　输入命令

图 5-21　查询域名和 IP 地址

（2）交互式方式。

可以使用 nslookup 的交互模式对域名进行查询，具体的操作步骤如下：

Step01 在"命令提示符"窗口中输入 nslookup 命令，然后按 Enter 键，得出其运行结果，如图 5-22 所示。

Step02 在"命令提示符"窗口中输入 set type=mx 命令，然后按 Enter 键，进入命令运行状态，如图 5-23 所示。

图 5-22　输入 nslookup 命令

图 5-23　输入 set type=mx 命令

Step03 在"命令提示符"窗口中再输入想要
查看的网址（必须去掉 www），如 baidu.com，
按 Enter 键，可得出百度网站的相关 DNS 信息，
即 DNS 的 MX 关联记录，如图 5-24 所示。

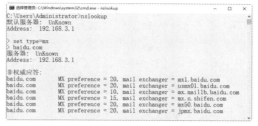

图 5-24　查看 DNS 信息

微视频

5.1.5　侦察对方的网络结构

找到适合攻击的目标后，在正式实施入侵攻
击之前，还需要了解目标主机的网络机构，只有
弄清楚目标网络中防火墙、服务器地址之后，才可进行第一步入侵。可以使用 tracert 命令查看目标
主机的网络结构。tracert 命令用来显示数据包到达目标主机
所经过的路径并显示到达每个节点的时间。

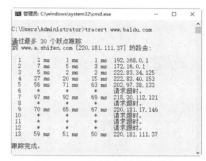

tracert 命令功能同 ping 命令类似，但所获得的信息要
比其详细得多。它把数据包所走的全部路径、节点的 IP 以
及花费的时间都显示出来。该命令比较适用于大型网络。
tracert 命令的格式：`tracert IP 地址或主机名`。

例如，要想了解自己计算机与目标主机 www.baidu.com
之间的详细路径传递信息，就可以在"命令提示符"窗口中
输入 tracert www.baidu.com 命令进行查看，进行分析目标主
机的网络结构，如图 5-25 所示。

图 5-25　目标主机的网络结构

5.1.6　快速确定漏洞范围

微视频

黑客在找到攻击的目标主机后，在实施攻击之前，还需要查看目标主机的漏洞，确定目标主机
的漏洞范围。黑客为了能够快速找到目标主机的漏洞范围，常常会利用一些扫描工具来快速确定，
扫描的内容包括端口、弱口令、系统漏洞以及主机服务程序等。

目前，黑客常用的扫描工具是 X-Scan，它可以扫描出操作系统类型及版本、标准端口状态
及端口 BANNER 信息、CGI 漏洞、IIS 漏洞、RPC 漏洞、SQL-SERVER、FTP-SERVER、SMTP-
SERVER、POP3-SERVER、NT-SERVER 弱口令用户、NT 服务器 NETBIOS 等信息。

1. 设置 X-Scan 扫描器

在使用 X-Scan 扫描器扫描系统之前，需要先对该工具的一些属性进行设置，例如扫描参数、
检测范围等。设置和使用 X-Scan 的具体操作步骤如下：

Step01 在 X-Scan 文件夹中双击"X-Scan_gui.
exe"应用程序，打开"X-Scan v3.3 GUI"主窗口。
在其中可以浏览此软件的功能简介、常见问题解
答等信息，如图 5-26 所示。

Step02 单击工具栏中的"扫描参数" ⊙ 按钮，
打开"扫描参数"对话框，如图 5-27 所示。

Step03 在左边的列表中单击"检测范围"选
项卡，然后在"指定 IP 范围"文本框中输入要扫
描的 IP 地址范围。若不知道输入的格式，则可以
单击"示例"按钮，打开"示例"对话框。在其
中即可看到各种有效格式，如图 5-28 所示。

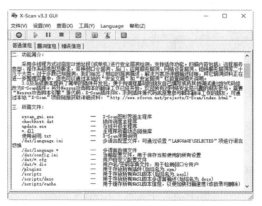

图 5-26　"X-Scan v3.3 GUI"主窗口

图 5-27 "扫描参数"对话框

图 5-28 "示例"对话框

Step 04 切换到"全局设置"选项卡下，单击其中的"扫描模块"子项，在其中勾选需要扫描的模块。在勾选扫描模块的同时，还可在右侧窗格中查看选择的模块的相关说明，如图 5-29 所示。

Step 05 由于 X-Scan 是一款多线程扫描工具，可以在"并发扫描"子项中设置扫描时的线程数量，如图 5-30 所示。

图 5-29 "全局设置"选项卡

图 5-30 "并发扫描"子项

Step 06 选择"扫描报告"子项，在其中可以设置扫描报告存放的路径和文件格式，如图 5-31 所示。

提示：如果需要保存自己设置的扫描 IP 地址范围，可在勾选"保存主机列表"复选框后，输入保存文件名称，以后就可以直接调用这些 IP 地址范围；如果用户需要在扫描结束时自动生成报告文件并显示报告，则可勾选"扫描完成后自动生成并显示报告"复选框。

Step 07 选择"其他设置"子项，在其中可以设置扫描过程的其他属性，如设置扫描方式、显示详细进度等，如图 5-32 所示。

图 5-31 "扫描报告"子项

图 5-32 "其他设置"子项

Step08 选择"插件设置"选项，并单击"端口相关设置"子项，在其中可设置扫描端口范围以及检测方式。X-Scan 提供 TCP 和 SYN 两种扫描方式；若要扫描某主机的所有端口，可在"待检测端口"文本框中输入"1 ～ 65535"即可，如图 5-33 所示。

Step09 选择"SNMP 相关设置"子项，在其中勾选相应的复选框来设置在扫描时获取 SNMP 信息的内容，如图 5-34 所示。

图 5-33　"端口相关设置"子项

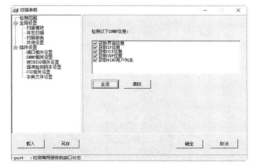

图 5-34　"SNMP 相关设置"子项

Step10 选择"NETBIOS 相关设置"子项，在其中设置需要获取的 NETBIOS 信息类型，如图 5-35 所示。

Step11 选择"漏洞检测脚本设置"子项，取消对"全选"复选框的勾选后，单击"选择脚本"按钮，打开"Select Script（选择脚本）"窗口，如图 5-36 所示。

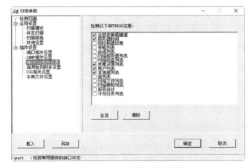

图 5-35　"NETBIOS 相关设置"子项

图 5-36　"Select Scripts"窗口

Step12 在选择检测的脚本文件之后，单击"确定"按钮，返回"扫描参数"窗口，分别设置脚本运行超时和网络读取超时等属性，如图 5-37 所示。

Step13 选择"CGI 相关设置"子项，在其中设置扫描时需要使用的 CGI 选项，如图 5-38 所示。

图 5-37　"扫描参数"窗口

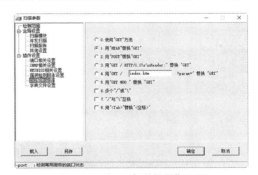

图 5-38　"CGI 相关设置"子项

Step14 选择"字典文件设置"子项，然后可以通过双击字典类型，打开"打开"对话框，如图5-39所示。

Step15 在其中选择相应的字典文件后，单击"打开"按钮，返回"扫描参数"窗口完成字典类型所对应的字典文件名的设置。在设置好所有选项之后，单击"确定"按钮，完成设置，如图5-40所示。

图5-39 "打开"对话框

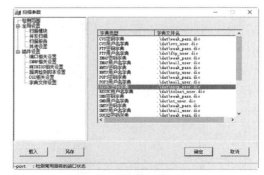

图5-40 "扫描参数"窗口

2. 使用 X-Scan 进行扫描

图5-41 扫描主机信息

在设置完 X-Scan 各个属性后，就可以利用该工具对指定 IP 地址范围内的主机进行扫描。具体的操作步骤如下：

Step01 在"X-Scan v3.3 GUI"主窗口中单击"开始扫描"按钮 ▷ 即可进行扫描，在扫描的同时会显示扫描进程和扫描所得到的信息，如图5-41所示。

Step02 在扫描完成之后，可看到 HTML 格式的扫描报告。在其中可看到活动主机 IP 地址、存在的系统漏洞和其他安全隐患，如图5-42所示。

Step03 在"X-Scan v3.3 GUI"主窗口中切换到"漏洞信息"选项卡下，在其中可看到存在漏洞的主机信息，如图5-43所示。

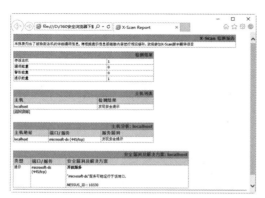

图5-42 HTML 格式的扫描报告

图5-43 "漏洞信息"选项卡

5.2　修补系统漏洞

计算机系统漏洞也被称之为系统安全缺陷，这些安全缺陷会被技术高低不等的入侵者所利用，从而达到控制目标主机或造成一些更大破坏的目的。要想防范系统的漏洞，首先就是及时为系统打补丁，下面介绍几种为系统打补丁的方法。

5.2.1　系统漏洞产生的原因

系统漏洞的产生不是安装不当的结果，也不是使用后的结果，它受编程人员的能力、经验和当时安全技术所限，在程序设计中难免会有不足之处。

归结起来，系统漏洞产生的原因主要有以下几点：

（1）人为因素，编程人员在编写程序过程中故意在程序代码的隐蔽位置保留了"后门"。

（2）硬件因素，因为硬件的原因，编程人员无法弥补硬件的漏洞，从而使硬件问题通过软件表现出来。

（3）客观因素，受编程人员的能力、经验和当时的安全技术及加密方法所限，在程序中不免存在不足之处，而这些不足恰恰会导致系统漏洞的产生。

5.2.2　使用 Windows 更新修补漏洞

"Windows 更新"是系统自带的用于检测系统更新的工具，使用"Windows 更新"可以下载并安装系统更新。以 Windows 10 系统为例，具体的操作步骤如下。

Step01 单击"开始"按钮，在打开的菜单中选择"设置"选项，如图 5-44 所示。

Step02 打开"设置"窗口，在其中可以看到有关系统设置的相关功能，如图 5-45 所示。

Step03 单击"更新和安全"图标，打开"更新和安全"窗口，在其中选择"Windows 更新"选项，如图 5-46 所示。

微视频

图 5-44　"设置"选项

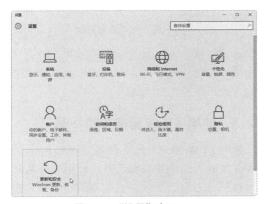

图 5-45　"设置"窗口

图 5-46　"更新和安全"窗口

Step04 单击"检查更新"按钮，开始检查网上是否有更新文件，如图 5-47 所示。

Step05 检查完毕后，如果存在更新文件，则会弹出如图 5-48 所示的信息提示，提示用户有可用更新，并自动开始下载更新文件。

图 5-47　查询更新文件

图 5-48　下载更新文件

Step 06 下载完成后，系统会自动安装更新文件，安装完毕后，会弹出如图 5-49 所示的信息提示框。

Step 07 单击"立即重新启动"按钮，重新启动计算机。重新启动完毕后，再次打开"Windows 更新"窗口，可以看到"你的设备已安装最新的更新"信息提示，如图 5-50 所示。

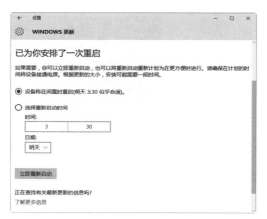

图 5-49　自动安装更新文件

图 5-50　完成系统更新

Step 08 单击"高级选项"超链接，打开"高级选项"设置工作界面，在其中可以选择安装更新的方式，如图 5-51 所示。

5.2.3　使用《电脑管家》修补漏洞

除使用 Windows 系统自带的 Windows 更新下载并及时为系统修复漏洞外，还可以使用第三方软件及时为系统下载并安装漏洞补丁，常用的有《电脑管家》《360 安全卫士》《优化大师》等。

使用《电脑管家》修复系统漏洞的具体操作步骤如下。

Step 01 双击桌面上的《电脑管家》图标，打开"电脑管家"界面，如图 5-52 所示。

微视频

图 5-51　选择更新方式

Step 02 选择"工具箱"选项，进入如图 5-53 所示页面。

图 5-52 "电脑管家"界面

图 5-53 "工具箱"界面

Step 03 单击"修复漏洞"图标，电脑管家开始自动扫描系统中存在的漏洞，并在下面的界面中显示出来，用户在其中可以自主选择需要修复的漏洞，如图 5-54 所示。

Step 04 单击"一键修复"按钮，开始修复系统存在的漏洞，如图 5-55 所示。

图 5-54 "系统修复"界面

图 5-55 修复系统漏洞

Step 05 修复完成后，系统漏洞的状态变为"修复成功"，如图 5-56 所示。

图 5-56 成功修复系统漏洞

5.2.4 使用《360 安全卫士》修补漏洞

微视频

使用《360 安全卫士》扫描系统漏洞并修补漏洞的操作步骤如下。

Step 01 双击桌面上的《360 安全卫士》快捷图标，进入《360 安全卫士》工作界面，如图 5-57 所示。

Step 02 单击"系统修复"图标，开始检测计算机的状态。检测完毕后，显示出当前计算机系统漏洞，如图 5-58 所示。

Step 03 单击"一键修复"按钮，开始下载并修复系统漏洞，如图 5-59 所示。

Step 04 修复完成后，会给出相应的修复结果，如图 5-60 所示。

图 5-57 《360 安全卫士》工作界面

图 5-58 计算机系统漏洞

图 5-59 下载并修复系统漏洞

图 5-60 系统漏洞修复结果

5.3 实战演练

5.3.1 实战 1：修补系统漏洞后手动重启

一般情况下，在 Windows 10 每次自动下载并安装好补丁后，每隔 10 分钟就会弹出窗口要求重新启动。如果不小心单击了"立即重新启动"按钮，则有可能会影响当前计算机操作的资料。那么如何才能不让 Windows 10 安装完补丁后不自动弹出"重新启动"的信息提示框呢？具体的操作步骤如下：

Step01 单击"开始"按钮，在弹出的快捷菜单中选择"所有程序"→"附件"→"运行"选项，打开"运行"对话框，在"打开"文本框中输入 gpedit.msc，如图 5-61 所示。

Step02 单击"确定"按钮，打开"本地组策略编辑器"窗口，如图 5-62 所示。

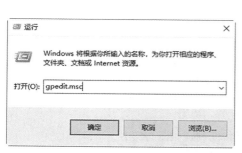

图 5-61 "运行"对话框

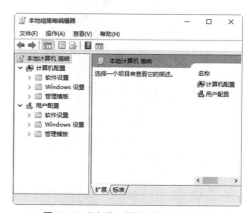

图 5-62 "本地组策略编辑器"窗口

Step 03 在窗口的左侧依次单击"计算机配置"→"管理模板"→"Windows 组件"选项，如图 5-63 所示。

Step 04 展开"Windows 组件"选项，在其子菜单中选择"Windows 更新"选项。此时，在右侧的窗格中将显示 Windows 更新的所有设置，如图 5-64 所示。

图 5-63　"Windows 组件"选项

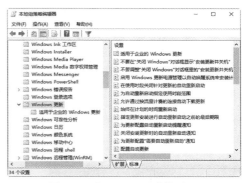

图 5-64　"Windows 更新"选项

Step 05 在右侧的窗格中选中"对于有已登录用户的计算机，计划的自动更新安装不执行重新启动"选项并右击，在弹出的快捷菜单中选择"编辑"命令，如图 5-65 所示。

Step 06 打开"对于有已登录用户的计算机，计划的自动更新安装不执行重新启动"对话框，在其中选中"已启用"单选按钮，如图 5-66 所示。

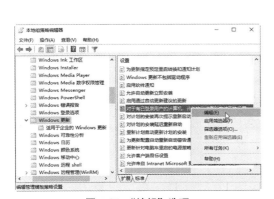

图 5-65　"编辑"选项

图 5-66　选中"已启用"单选按钮

Step 07 单击"确定"按钮，返回"组策略编辑器"窗口，此时用户可看到"对于有已登录用户的计算机，计划的自动更新安装不执行重新启动"选择的状态是"已启用"。这样，在自动更新完补丁后，将不会再弹出重新启动计算机的信息提示框，如图 5-67 所示。

图 5-67　"已启用"状态

65

5.3.2 实战 2：修补蓝牙协议中的漏洞

蓝牙协议中的 BlueBorne 漏洞可以使 53 亿带蓝牙设备受影响，这会影响包括安卓、iOS、Windows、Linux 在内的所有带蓝牙功能的设备。攻击者甚至不需要进行设备配对，就能发动攻击，完全控制受害者设备。

攻击者一旦触发该漏洞，计算机会在用户没有任何感知的情况下，访问攻击者构建的钓鱼网站。不过，微软已经发布了 BlueBorne 漏洞的安全更新，广大用户使用电脑管家及时打补丁，或手动关闭蓝牙适配器，可有效规避 BlueBorne 攻击。

关闭计算机中蓝牙设备的操作步骤如下：

Step01 右击"开始"按钮，在弹出的快捷菜单中选择"设置"选项，如图 5-68 所示。

Step02 打开"设置"窗口，在其中显示 Windows 设置的相关项目，如图 5-69 所示。

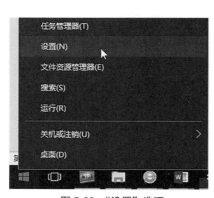

图 5-68 "设置"选项

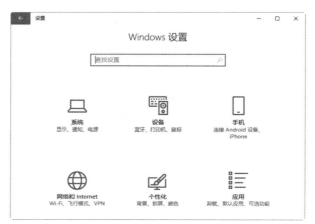

图 5-69 "设置"窗口

Step03 单击"设备"图标，进入"蓝牙和其他设备"工作界面，在其中显示了当前计算机的蓝牙设备处于开启状态，如图 5-70 所示。

Step04 单击"蓝牙"下方的"开"按钮，可关闭计算机的蓝牙设备，如图 5-71 所示。

图 5-70 "蓝牙和其他设备"工作界面

图 5-71 关闭蓝牙设备

第 **6** 章

系统远程控制的安全防护

随着计算机的发展以及其功能的强大，新的操作系统为满足用户的需求，加入了远程控制功能。这一功能本是方便用户的，但是却被黑客们所利用。本章介绍系统远程控制的安全防护。

6.1　什么是远程控制

远程控制是在网络上由一台计算机（主控端／客户端）远距离去控制另一台计算机（被控端／服务器端）的技术。远程一般是指通过网络控制远端计算机，和操作自己的计算机一样。

远程控制一般支持 LAN、WAN、拨号方式、互联网方式等网络方式。此外，有的远程控制软件还支持通过串口、并口等方式来对远程主机进行控制。随着网络技术的发展，目前很多远程控制软件已提供通过 Web 页面以 Java 技术来控制远程计算机，这样可以实现不同操作系统下的远程控制。

远程控制的应用体现在如下几个方面。

（1）远程办公。这种办公方式不仅大大改善了城市交通状况，还免去了人们上下班路上奔波的辛劳，更可以提高企业员工的工作效率和工作兴趣。

（2）远程技术支持。一般情况下，远距离的技术支持必须依赖技术人员和用户之间的电话交流来进行，这种交流既耗时又容易出错。有了远程控制技术，技术人员就可以远程控制用户的计算机，就像直接操作本地计算机一样，只需要用户的简单帮助就可以看到该机器存在问题的第一手材料，能很快找到问题的所在并加以解决。

（3）远程交流。商业公司可以依靠远程技术与客户进行远程交流。采用交互式的教学模式，通过实际操作来培训用户，从专业人员那里学习知识就变得十分容易。教师和学生之间也可以利用这种远程控制技术实现教学问题的交流。在此过程中，学生可以直接在计算机中进行习题的演算和求解，教师能够轻松看到学生的解题思路和步骤，并加以实时的指导。

（4）远程维护和管理。网络管理员或者普通用户可以通过远程控制技术对远端计算机进行软件的安装和配置、下载并安装软件修补程序、配置应用程序和进行系统软件设置等操作。

6.2　Windows 远程桌面功能

远程桌面功能是 Windows 系统自带的一种远程管理工具。它具有直观、操作方便等特征。如果目标主机开启了远程桌面连接功能，就可以在网络中的其他主机上连接控制这台目标主机了。

6.2.1 开启 Windows 远程桌面功能

在 Windows 系统中开启远程桌面的具体操作步骤如下。

Step01 右击"此电脑"图标，在弹出的快捷菜单中选择"属性"选项，打开"系统"窗口，如图 6-1 所示。

Step02 单击"远程设置"链接，打开"系统属性"对话框，在其中勾选"允许远程协助连接这台计算机"复选框，设置完毕后，单击"确定"按钮，完成设置，如图 6-2 所示。

图 6-1 "系统"窗口

图 6-2 "系统属性"对话框

6.2.2 使用远程桌面功能实现远程控制

如果目标主机开启了远程桌面连接功能，在网络中的其他主机就可以连接控制这台目标主机了，通过 Windows 远程桌面实现远程控制的操作步骤如下：

图 6-3 "远程桌面连接"窗口

Step01 选择"开始"→"Windows 附件"→"远程桌面连接"选项，打开"远程桌面连接"窗口，如图 6-3 所示。

Step02 单击"显示选项"按钮，展开即可看到选项的具体内容。在"常规"选项卡中的"计算机"下拉文本框中输入需要远程连接的计算机名称或 IP 地址；在"用户名"文本框中输入相应的用户名，如图 6-4 所示。

Step03 选择"显示"选项卡，在其中可以设置远程桌面的大小、颜色等属性，如图 6-5 所示。

Step04 如果需要远程桌面与本地计算机文件进行传递，则需在"本地资源"选项卡下设置相应的属性，如图 6-6 所示。

Step05 单击"详细信息"按钮，在"本地设备和资源"选项组中选择需要的驱动器后，单击"确定"按钮，返回"远程桌面连接"对话框，如图 6-7 所示。

图 6-4　输入连接信息

图 6-5　"显示"选项卡

图 6-6　"本地资源"选项卡

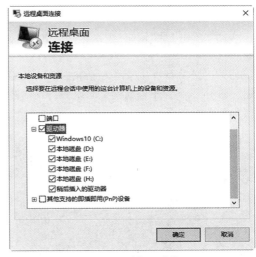

图 6-7　选择驱动器

Step06 如图 6-8 所示，单击"连接"按钮，进行远程桌面连接。

在弹出的"远程桌面连接"窗口中显示正在启动远程连接，如图 6-9 所示。

Step07 启动远程连接完成后，将打开"Windows 安全性"对话框，在其中输入密码，如图 6-10 所示。

Step08 单击"确定"按钮，会弹出一个信息提示框，提示用户是否继续连接，如图 6-11 所示。

图 6-8　远程桌面连接

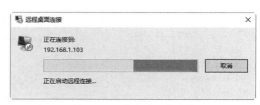

图 6-9　正在启动远程连接

图 6-10　输入密码

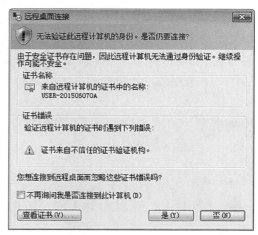

图 6-11　信息提示框

Step 09 单击"是"按钮，登录远程计算机桌面，此时可以在该远程桌面上进行任何操作，如图 6-12 所示。

另外，在需要断开远程桌面连接时，只需在本地计算机中单击远程桌面连接窗口上的"关闭"按钮，打开一个断开与远程桌面服务会话的连接的提示框。单击"确定"按钮即可断开远程桌面连接，如图 6-13 所示。

图 6-12　登录到远程桌面

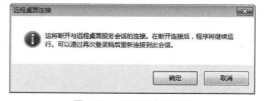

图 6-13　断开信息提示框

提示：在进行远程桌面连接之前，需要双方都勾选"允许远程用户连接到此计算机"复选框，否则将无法成功创建连接。

6.3 使用 QuickIP 远程控制系统

对于网络管理员来说，往往需要使用一台计算机对多台主机进行管理，此时就需要用到多点远程控制技术。QuickIP 就是一款多点远程控制的工具。

6.3.1 设置 QuickIP 服务器端

由于 QuickIP 工具是将服务器端与客户端合并在一起的，所以在计算机中都是服务器端和客户端一起安装的，这也是实现一台服务器可以同时被多个客户机控制、一个客户机也可以同时控制多个服务器的原因。

配置 QuickIP 服务器端的具体操作步骤如下：

Step01 在 QuickIP 成功安装后，出现 "QuickIP 安装完成" 窗口，在其中可以设置是否启动 QuickIP 客户机和服务器，勾选 "立即运行 QuickIP 服务器" 复选框，如图 6-14 所示。

Step02 单击 "完成" 按钮，会出现一个提示框。为了实现安全的密码验证登录，QuickIP 设定客户端必须知道服务器的登录密码才能进行登录控制，如图 6-15 所示。

图 6-14 "QuickIP 安装完成" 窗口

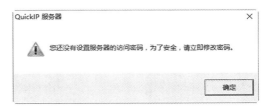

图 6-15 提示修改密码

Step03 单击 "确定" 按钮，打开 "修改本地服务器的密码" 窗口，在其中输入要设置的密码，如图 6-16 所示。

Step04 单击 "确认" 按钮，可看到密码修改成功的提示框，如图 6-17 所示。

Step05 单击 "确定" 按钮，打开 "QuickIP 服务器管理" 窗口，可看到 "服务器启动成功" 提示信息，如图 6-18 所示。

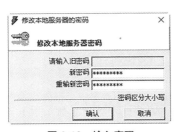

图 6-16 输入密码

图 6-17 密码修改成功

图 6-18 服务器启动成功

6.3.2 设置 QuickIP 客户端

微视频

在设置完服务端之后，就需要设置 QuickIP 客户端。设置客户端相对比较简单，主要是在客户端中添加远程主机，具体的操作步骤如下：

Step01 选择"开始"→"所有应用"→ QuickIP →"QuickIP 客户机"选项，打开"QuickIP 客户机"主窗口，如图 6-19 所示。

Step02 单击工具栏中的"添加主机"按钮，打开"添加远程主机"对话框。在"主机"文本框中输入远程主机的 IP 地址，在"端口"和"密码"文本框中输入在服务器端设置的信息，如图 6-20 所示。

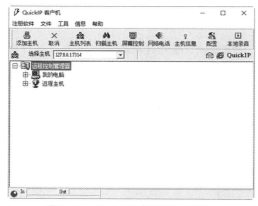

图 6-19 "QuickIP 客户机"主窗口

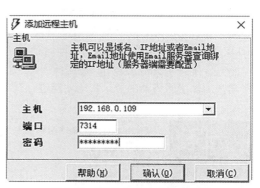

图 6-20 "添加远程主机"对话框

Step03 单击"确定"按钮，可在"QuickIP 客户机"主窗口中的"远程主机"下看到刚刚添加的 IP 地址了，如图 6-21 所示。

Step04 单击该 IP 地址后，从展开的控制功能列表中可看到远程控制功能十分丰富，这表示客户端与服务器端的连接已经成功了，如图 6-22 所示。

图 6-21 添加 IP 地址

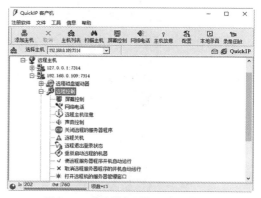

图 6-22 客户端与服务器端连接成功

6.3.3 实现远程控制系统

微视频

在成功添加远程主机之后，就可以利用 QuickIP 工具对其进行远程控制。QuickIP 功能非常强大，这里只介绍几个常用的功能。实现远程控制的具体步骤如下：

Step01 在"192.168.0.109：7314"栏目下单击"远程磁盘驱动器"选项，打开"登录到远程主机"对话框，在其中输入设置的端口和密码，如图 6-23 所示。

Step 02 单击"确认"按钮，可看到远程主机中的所有驱动器。单击其中的 D 盘，可看到其中包含的文件，如图 6-24 所示。

图 6-23 输入端口和密码

图 6-24 成功连接远程主机

Step 03 单击如图 6-22 所示的"远程控制"选项下的"屏幕控制"子项，稍等片刻后，可看到远程主机的桌面，在其中可通过鼠标和键盘来完成对远程主机的控制，如图 6-25 所示。

Step 04 单击如图 6-22 所示的"远程控制"选项下的"远程主机信息"子项，打开"远程信息"窗口，在其中可看到远程主机的详细信息，如图 6-26 所示。

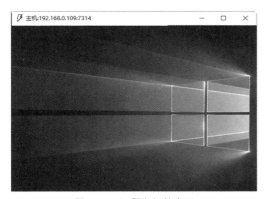

图 6-25 远程主机的桌面

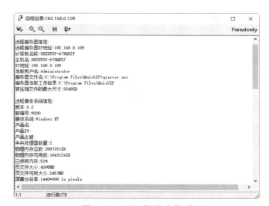

图 6-26 "远程信息"窗口

Step 05 如果要结束对远程主机的操作，为了安全起见就应该关闭远程主机了。单击如图 6-22 所示的"远程控制"选项下的"远程关机"子项，出现关闭远程操作系统的提示。单击"是"按钮，关闭远程主机，如图 6-27 所示。

Step 06 在"192.168.0.109：7314"栏目下单击"远程主机进程列表"选项，在其中可看到远程主机中正在运行的进程，如图 6-28 所示。

Step 07 在"192.168.0.109：7314"栏目下单击"远程主机转载模块列表"选项，在其中可看到远程主机中装载模块列表，如图 6-29 所示。

Step 08 在"192.168.0.109：7314"栏目下单击"远程主机的服务列表"选项，在其中可看到远程主机中正在运行的服务，如图 6-30 所示。

图 6-27　信息提示框

图 6-28　远程主机进程列表信息

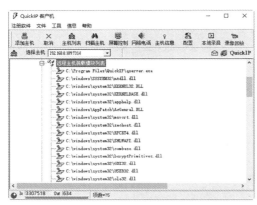

图 6-29　远程主机转载模块列表信息

图 6-30　远程主机的服务列表信息

6.4　使用"灰鸽子"远程控制系统

在利用"灰鸽子"远程控制工具连接目标主机之前，需要事先配置一个"灰鸽子"服务端程序在被控制的主机上运行，这样才能从远程进行控制。

图 6-31　"灰鸽子"操作主界面

6.4.1　配置"灰鸽子"服务端

配置"灰鸽子"服务端的具体操作步骤如下。

Step01 下载并解压缩"灰鸽子"压缩文件，双击解压之后的可执行文件，打开"灰鸽子"操作主界面，如图 6-31 所示。

Step02 在"灰鸽子"主操作界面中选择"文件"→"配置服务器"菜单项，打开"服务器配置"对话框，在"自动上线"选项卡中，可以对上线图像、上线分组、上线备注、连接密码等项目进行设置，如图 6-32 所示。

Step03 选择"安装选项"选项卡，在打开的设置界面中对安装名称、DLL 文件名、文件属性以及服务端安装成功后的运行情况等进行设置，如图 6-33 所示。

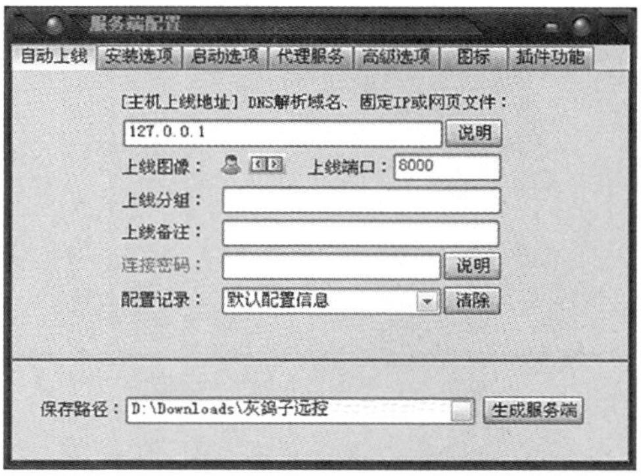

图 6-32　"服务器配置"对话框

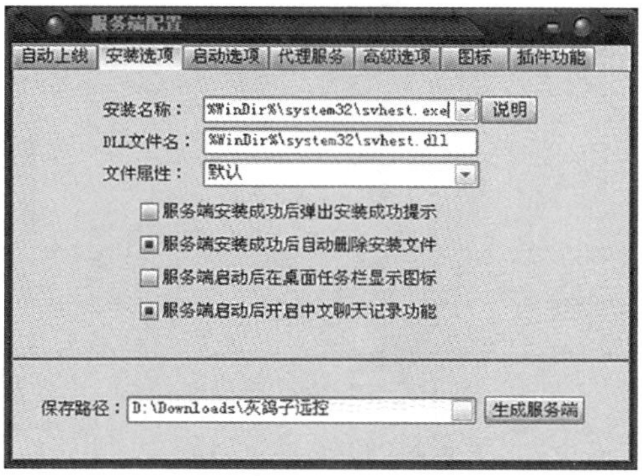

图 6-33　"安装选项"选项卡

Step04 选择"启动选项"选项卡，在打开的设置界面中对服务端运行时的显示名称、服务名称及描述信息等进行设置，如图 6-34 所示。

Step05 选择"代理服务"选项卡，在打开的设置界面中对启动时是否启用代理，启用哪种代理进行设置，如图 6-35 所示。

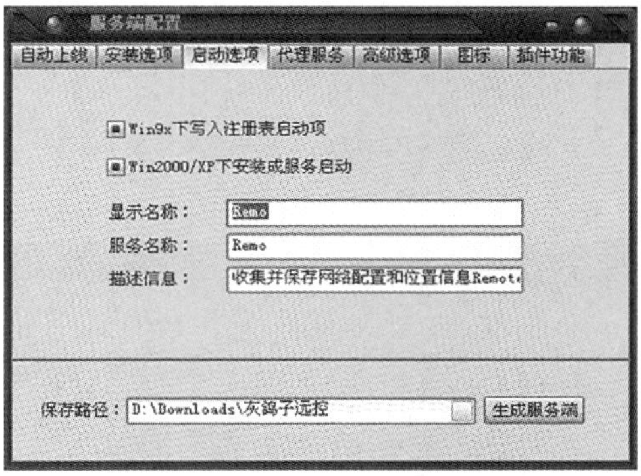

图 6-34　"启动选项"选项卡

图 6-35　"代理服务"选项卡

Step06 选择"高级选项"选项卡，在打开的设置界面中对是否在启动时隐藏运行后的 EXE 进程、是否隐藏服务端的安装文件和进程插入选项等进行设置，如图 6-36 所示。

Step07 选择"图标"选项卡，在打开的设置界面中对服务器使用的图标进行设置，如图 6-37 所示。

Step08 如果想加载插件，还可以在"插件功能"选项卡中进行相应设置。设置完毕之后，在"保存路径"文本框中输入生成服务端程序的保存路径及文件名，单击"生成服务端"按钮，可生成服务端程序，如图 6-38 所示。

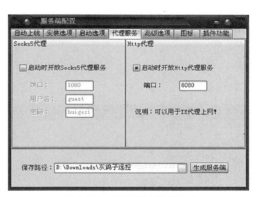

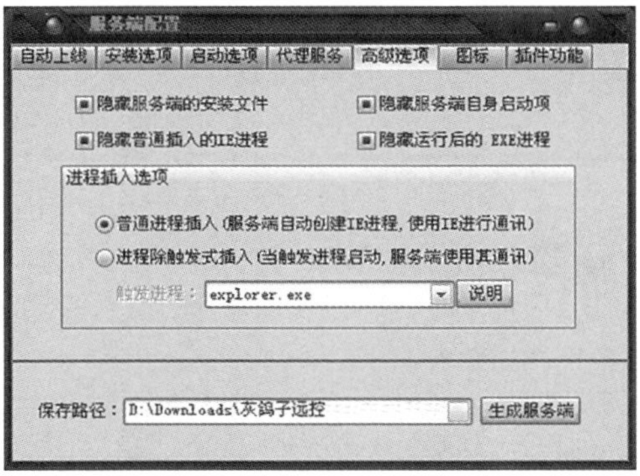

图 6-36　"高级选项"选项卡

图 6-37 "图标"选项卡

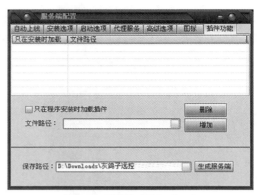

图 6-38 "插件功能"选项卡

6.4.2 操作远程主机文件

配置好"灰鸽子"服务端后，可将服务端程序安装在目标主机中，当成功安装之后，就可以很容易地控制对方的计算机了。操作远程主机文件的具体操作步骤如下。

Step01 在"灰鸽子"操作主界面中选择"设置"→"系统设置"菜单项，打开"系统设置"对话框，在该对话框中的"系统设置"选项卡下设置"灰鸽子"的自动检测和记录选项，在下方的"自动上线端口"文本框中输入自己在配置服务端时设置的端口号，设置完毕后，单击"应用改变"按钮，如图 6-39 所示。

Step02 选择"语音提示设置"选项卡，在该选项卡下可以手工指定设置目标主机上线和下线时的声音，也可以设置一些操作完成时的提示音，这样在主机上线和下线时，就可以发出提示声音，如图 6-40 所示。

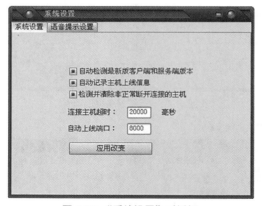

图 6-39 "系统设置"对话框

图 6-40 "语音提示设置"选项卡

Step03 启动"灰鸽子"客户端软件，这样安装了"灰鸽子"服务端程序的主机就会自动上线，上线时就有提示音，并在软件左侧"文件目录浏览"区的"华中帝国科技"中显示当前自动上线主机的数目，如图 6-41 所示。

Step04 单击展开"华中帝国科技"组，在其中选择某台上线的主机，将会显示该主机上的硬盘驱动器列表，如图 6-42 所示。

Step05 选择某个驱动器，在右侧可以看到驱动器中的文件列表信息。在文件列表框中右击某个文件，从弹出的快捷菜单中可以像在本地资源管理器中操作一样，下载、新建、重命名、删除对方计算机中的文件，还可以把对方的文件上传到 FTP 服务器保存，如图 6-43 所示。

Step06 在"灰鸽子"软件操作界面中单击"远程屏幕"按钮，打开远程桌面监视窗口，在该窗口中实时显示了目标主机在桌面上的运行状态图片，如图 6-44 所示。

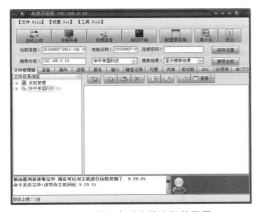

图 6-41　显示自动上线主机的数目

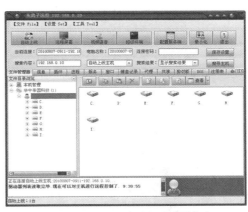

图 6-42　显示目标主机驱动器信息

图 6-43　文件列表信息

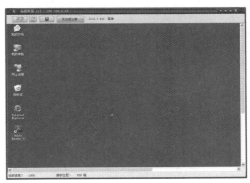

图 6-44　远程桌面监视窗口

Step07 在"灰鸽子"软件操作界面中单击"视频语音"按钮，打开"视频语音"对话框，这样就可以很轻松地开启目标主机的摄像头并查看到摄像头拍摄的画面，如图 6-45 所示。

Step08 在"视频语音"对话框中单击"开始语音"按钮，开始监控接收声音，也可以勾选"接收到的语音存为 WAV 文件"复选框，将远程声音监控保存为本地音频文件，如图 6-46 所示。

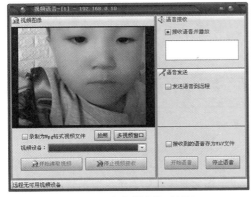

图 6-45　"视频语音"对话框

图 6-46　开始监控接收声音

6.4.3 控制远程主机鼠标键盘

有时，在自己的计算机中了木马之后，常常会出现鼠标不受控制、乱单击程序或删除文件的现象，这是由于攻击者用木马抢夺了用户的鼠标键盘控制权，让鼠标键盘只听从攻击者的命令。下面就来介绍一下如何利用"灰鸽子"服务端程序来远程控制计算机鼠标键盘的操作，具体的控制过程如下。

Step01 在控制了远程主机的桌面屏幕后，单击工具栏上的"传送鼠标和键盘"按钮，就可以切换到鼠标键盘控制状态，此时，在窗口中显示的桌面上单击鼠标，可直接操作远程主机桌面，与在本地操作一样，如图 6-47 所示。

Step02 在远程控制桌面窗口中单击工具栏上的"发送组合键"按钮，在其下拉菜单中选择发送各种组合键命令，比如切换输入法、调出任务管理器等，如图 6-48 所示。

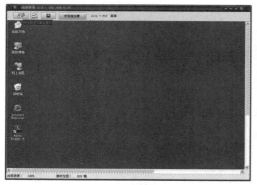
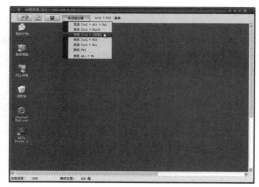

图 6-47　鼠标键盘控制状态　　　　　　　　　　图 6-48　发送组合键命令

Step03 有时远程主机会通过剪贴板复制粘贴各种账号密码等，攻击者可以监视控制远程主机的剪贴板。选择要监视的主机，在下方选择"剪切板"选项卡，打开"剪切板"设置界面，如图 6-49 所示。

Step04 单击右侧的"远程剪切板"按钮，可发送一条读取命令，在下方显示远程剪切板中复制的文本内容，如图 6-50 所示。

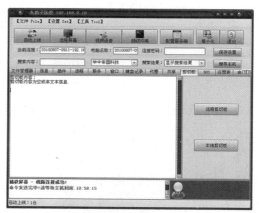

图 6-49　"剪切板"设置界面　　　　　　　　　　图 6-50　发送读取命令

6.4.4 修改控制系统设置

"灰鸽子"服务端有个强大的系统控制能力，可以随意地获取修改远程主机的系统信息和设置。

"灰鸽子"服务端修改控制系统设置的操作步骤如下。

Step01 选择要控制的远程主机后，选择"信息"选项卡，在打开的界面中单击右侧的"系统信息"按钮，可获得远程主机上的详细系统状态，包括 CPU、内存情况、远程主机系统版本、补丁状态和主机名、登录用户等，如图 6-51 所示。

Step02 选择"进程"选项卡，在打开的界面中单击右侧的"查看进程"按钮，可查看当前系统中所有正在运行的程序进程名称列表。如果发现危险进程，则可选中该进程后，单击右侧的"终止进程"按钮即可，如图 6-52 所示。

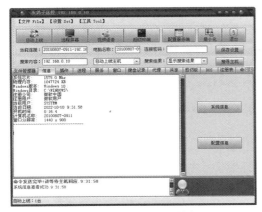

图 6-51　查看远程主机信息

图 6-52　管理系统进程

Step03 选择"服务"选项卡，在打开的界面中单击"查看服务"按钮，可查看当前系统中所有正在运行的服务信息列表，在列表中选择某个服务后，可以设置当前服务是启动或关闭，并设置服务的属性为手动、自动或禁止，如图 6-53 所示。

Step04 选择"插件"选项卡，在打开的界面中单击"刷新现有插件"按钮，可查看当前系统中所有正在运行的插件。在列表中选中某个插件后，可以启动、停止该插件，或查看插件的结果，如图 6-54 所示。

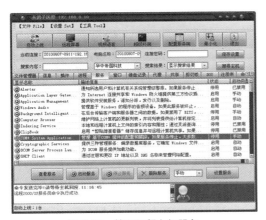

图 6-53　管理远程主机服务

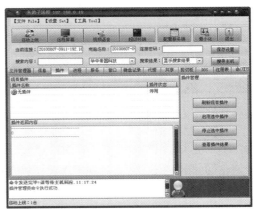

图 6-54　当前系统插件信息

Step05 选择"窗口"选项卡，在打开的界面中单击"查看窗口"按钮，可查看当前系统中所有正在运行的窗口列表，在列表中选中某个窗口后，可以关闭、隐藏、显示、禁用、恢复该窗口，如图 6-55 所示。

Step06 选择"键盘记录"选项卡，在打开的界面中单击"启用键盘记录"按钮，可启动中文记录命令，如图 6-56 所示。

图 6-55　窗口列表信息

图 6-56　键盘记录信息

Step07 选择"代理"选项卡，在打开的界面中可以看到"灰鸽子"为用户提供了两个代理，即 Socks 和 HTTP 代理，单击 Socks 代理设置区域中的"开始服务"按钮，可启动 Socks 代理，如图 6-57 所示。

Step08 选择"共享"选项卡，在打开的界面中单击"查看共享信息"按钮，可启动共享管理命令，并在左侧的窗格中列出了共享的信息，还可以新建共享、删除共享，如图 6-58 所示。

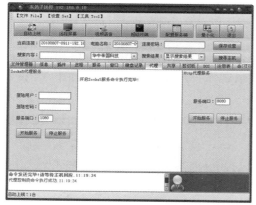

图 6-57　"代理"选项卡

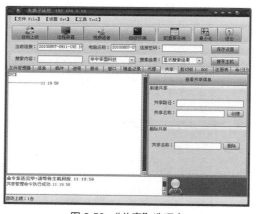

图 6-58　"共享"选项卡

Step09 选择"DOS"选项卡，在打开的界面中的"DOS 命令"文本框中输入相应的命令，然后单击"远程运行"按钮，启动 MS-DOS 模拟命令，如图 6-59 所示。

Step10 选择"注册表"选项卡，在打开的界面中单击"远程电脑"前面的"+"号按钮，展开注册表相应的键值列表，可查看远程主机的注册表信息，如图 6-60 所示。

Step11 选择"命令"选项卡，在打开的界面中显示当前主机的 IP 地址、地理位置、系统版本、CPU、内存、电脑名称、上线时间、安装日期、插入进程、服务端版本、备注等信息，如图 6-61 所示。

Step12 "灰鸽子"还为用户提供了 Telnet 远程命令控制，单击工具栏上的"超级终端"按钮，打开"Telnet 命令"窗口，在该窗口中可以与本地命令窗口一样执行各种命令，如图 6-62 所示。

图 6-59 "DOS"选项卡

图 6-60 "注册表"选项卡

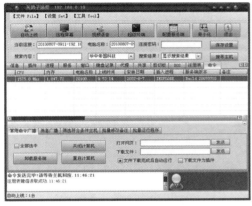

图 6-61 "命令"选项卡

图 6-62 "Telnet 命令"窗口

6.5 远程控制的安全防护

要想使自己的计算机不受远程控制入侵的困扰，就需要用户对自己的计算机进行相应的保护操作，如开启系统防火墙或安装相应的防火墙工具等。

6.5.1 开启系统 Windows 防火墙

为了更好地进行网络安全管理，Windows 系统特意为用户提供了防火墙功能。如果能够巧妙地使用该功能，就可以根据实际需要允许或拒绝网络信息通过，从而达到防范攻击、保护系统安全的目的。 微视频

使用 Windows 自带防火墙的具体操作步骤如下。

Step 01 在"控制面板"窗口中双击"Windows 防火墙"图标项，打开"Windows 防火墙"对话框，在对话框中显示此时 Windows 防火墙已经被开启，如图 6-63 所示。

Step 02 单击"允许应用或功能通过 Windows 防火墙"链接，在打开的窗口中可以设置哪些应用或功能允许通过 Windows 防火墙访问外网，如图 6-64 所示。

图 6-63　"Windows 防火墙"窗口

图 6-64　"允许的应用"窗口

Step 03 单击"更改通知设置"或"启用或关闭 Windows 防火墙"链接，在打开的窗口中可以开启或关闭防火墙，如图 6-65 所示。

Step 04 单击"高级设置"链接，进入"高级安全 Windows 防火墙"窗口，在其中可以对入站、出站、连接安全等规则进行设定，如图 6-66 所示。

图 6-65　"自定义设置"窗口

图 6-66　"高级安全 Windows 防火墙"窗口

6.5.2　关闭远程注册表管理服务

微视频

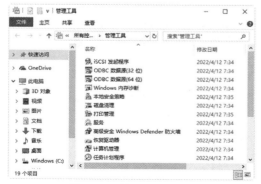

图 6-67　"管理工具"窗口

远程控制注册表主要是为了方便网络管理员对网络中的计算机进行管理，但这样却也给黑客入侵提供了方便。因此，必须关闭远程注册表管理服务。具体的操作步骤如下：

Step 01 在"控制面板"窗口中双击"管理工具"选项，进入"管理工具"窗口，如图 6-67 所示。

Step 02 双击"服务"选项，打开"服务"窗口，在其中可看到本地计算机中的所有服务，如图 6-68 所示。

Step 03 在"服务"列表中选中"Remote Registry"选项并右击，在弹出的快捷菜单中选择

"属性"选项，打开"Remote Registry 的属性"对话框，如图 6-69 所示。

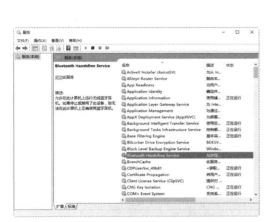

图 6-68　"服务"窗口

图 6-69　"Remote Registry 的属性"对话框

Step04 单击"停止"按钮，打开"服务控制"提示框，提示 Windows 正在尝试停止本地计算上的 Remote Registry 服务，如图 6-70 所示。

Step05 在服务停止完毕之后，返回"Remote Registry 的属性"对话框，此时可看到"服务状态"已变为"已停止"。单击"确定"按钮，完成"允许远程注册表操作"服务的关闭操作，如图 6-71 所示。

图 6-70　"服务控制"提示框

图 6-71　关闭远程注册表操作

6.5.3　关闭 Windows 远程桌面功能

关闭 Windows 远程桌面功能是防止黑客远程入侵系统的首要工作，具体的操作步骤如下：

Step01 打开"系统属性"对话框，选择"远程"选项卡，如图 6-72 所示。

Step02 取消对"允许远程协助连接这台计算机"复选框的勾选，选中"不允许远程连接到此计

微视频

算机"单选按钮，然后单击"确定"按钮，关闭 Windows 系统的远程桌面功能，如图 6-73 所示。

图 6-72　"系统属性"对话框

图 6-73　关闭远程桌面功能

6.6　实战演练

6.6.1　实战 1：强制清除管理员账户密码

微视频

在 Windows 中提供了 net user 命令，利用该命令可以强制修改用户账户的密码，来达到进入系统的目的，具体的操作步骤如下：

Step01 启动计算机，在出现开机画面后按 F8 键，进入"Windows 高级选项菜单"界面，在该界面中选择"带命令行提示的安全模式"选项，如图 6-74 所示。

Step02 运行过程结束后，系统列出了系统超级用户 Administrator 和本地用户的选择菜单，单击 Administrator，进入命令行模式，如图 6-75 所示。

图 6-74　"Windows 高级选项菜单"界面

图 6-75　进入命令行模式

Step03 输入命令：net user Administrator 123456 /add，强制将 Administrator 用户的密码更改为 123456，如图 6-76 所示。

Step04 重新启动计算机，选择正常模式运行，用更改后的密码 123456 登录 Administrator 用户，如图 6-77 所示。

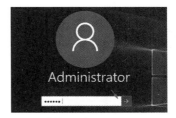

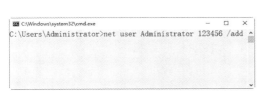

图 6-76 更改 Administrator 用户密码   图 6-77 用新密码登录 Administrator 用户

6.6.2 实战 2：绕过密码自动登录操作系统

微视频

在安装了 Windows 10 操作系统的计算机中，需要用户事先创建好登录账户与密码才能登录系统，那么如何才能绕过密码而自动登录操作系统呢？具体的操作步骤如下：

Step01 单击"开始"按钮，在弹出的"开始"屏幕中选择"所有应用"→"Windows 系统"→"运行"选项，如图 6-78 所示。

Step02 打开"运行"对话框，在"打开"文本框中输入 control userpasswords2，如图 6-79 所示。

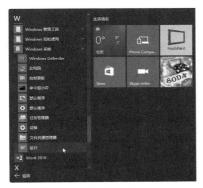

图 6-78 "运行"菜单命令

图 6-79 "运行"对话框

Step03 单击"确定"按钮，打开"用户账户"对话框，在其中取消对"要使用本计算机，用户必须输入用户名和密码"复选框的勾选，如图 6-80 所示。

Step04 单击"确定"按钮，打开"自动登录"对话框，在其中输入本台计算机的用户名、密码信息，如图 6-81 所示。单击"确定"按钮，这样重新启动本台计算机后，系统就不用输入密码而自动登录了。

图 6-80 "用户账户"对话框

图 6-81 输入密码

第**7**章

网络欺骗与数据嗅探技术

网络欺骗是入侵系统的主要手段，是利用计算机的网络接口截获计算机数据报文的一种手段。本章就来介绍网络欺骗的攻击方法以及数据嗅探技术，主要内容包括网络欺骗攻击方法、防范网络欺骗的技巧等。

7.1 常见的网络欺骗技术

一个黑客在真正入侵系统时，并不是依靠别人写的什么软件，更多是靠对系统和网络的深入了解来达到这个目的，从而出现了形形色色的网络欺骗攻击，如常见的 ARP 欺骗、DNS 欺骗、钓鱼网站欺骗术等。

7.1.1 网络中的 ARP 欺骗攻击

微视频

ARP 欺骗是黑客常用的攻击手段之一，ARP 欺骗分为两种，一种是对路由器 ARP 表的欺骗；另一种是对内网主机的网关欺骗。ARP 欺骗容易造成客户端断网。

1. ARP 欺骗的工作原理

假设一个网络环境中，网内有三台主机，分别为主机 A、B、C，主机详细描述信息如下。

A 的地址为 IP: 192.168.0.1　MAC: 00-00-00-00-00-00

B 的地址为 IP: 192.168.0.2　MAC: 11-11-11-11-11-11

C 的地址为 IP: 192.168.0.3　MAC: 22-22-22-22-22-22

正常情况下是 A 和 C 之间进行通信，但此时 B 向 A 发送一个自己伪造的 ARP 应答，而这个应答中的数据为发送方 IP 地址是 192.168.0.3（C 的 IP 地址），MAC 地址是 11-11-11-11-11-11（C 的 MAC 地址本来应该是 22-22-22-22-22-22，这里被伪造了）。当 A 接收到 B 伪造的 ARP 应答，就会更新本地的 ARP 缓存（A 被欺骗了），这时 B 就伪装成 C 了。

同时，B 同样向 C 发送一个 ARP 应答，应答包中发送方 IP 地址是 192.168.0.1（A 的 IP 地址），MAC 地址是 11-11-11-11-11-11（A 的 MAC 地址本来应该是 00-00-00-00-00-00），当 C 收到 B 伪造的 ARP 应答，也会更新本地 ARP 缓存（C 也被欺骗了），这时 B 就伪装成了 A。这样主机 A 和 C 都被主机 B 欺骗，A 和 C 之间通信的数据都经过了 B。主机 B 完全可以知道他们之间说了什么）。这就是典型的 ARP 欺骗过程。

2. 遭受 ARP 攻击后现象

ARP 欺骗木马的中毒现象一般表现为网络中的计算机突然掉线，过一段时间后又会恢复正常，比如用户频繁断网、浏览器频繁出错，以及一些常用软件出现故障等。如果局域网中是通过身份认证上网的，会突然出现可认证，但不能上网的现象（无法 ping 通网关），重启机器或在 MS-DOS 窗口下运行命令 arp-d 后，又可恢复上网。

ARP 欺骗木马只需成功感染一台计算机，就可能导致整个局域网都无法上网，严重的甚至可能带来整个网络的瘫痪。

3. 开始进行 ARP 欺骗攻击

黑客使用 WinArpAttacker 工具可以对网络进行 ARP 欺骗攻击。除此之外，他们利用该工具还可以实现对 ARP 机器列表的扫描，具体的操作步骤如下：

Step01 下载 WinArpAttacker 软件，双击其中的"WinArpAttacker.exe"程序，打开"WinArpAttacker"主窗口，选择"扫描"→"高级"选项，如图 7-1 所示。

Step02 打开"扫描"对话框，可以看出有扫描主机、扫描网段和多网段扫描 3 种扫描方式，如图 7-2 所示。

图 7-1　"WinArpAttacker"主窗口

图 7-2　"扫描"对话框

Step03 在"扫描"对话框中选中"扫描主机"单选按钮，并在后面的文本框中输入目标主机的 IP 地址，例如 192.168.0.104，然后单击"扫描"按钮，可获得该主机的 MAC 地址，如图 7-3 所示。

Step04 选中"扫描网段"单选按钮，在 IP 地址范围的文本框中输入扫描的 IP 地址范围，如图 7-4 所示。

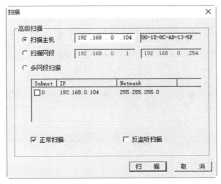

图 7-3　主机的 MAC 地址

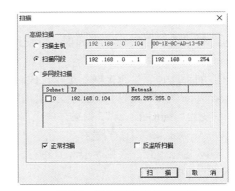

图 7-4　输入扫描 IP 地址范围

Step05 单击"扫描"按钮即可进行扫描操作，当扫描完成时会出现一个"Scanning successfully！"（扫描成功）对话框，如图 7-5 所示。

Step06 单击"确定"按钮，返回"WinArpAttacker"主窗口，可看到扫描结果，如图 7-6 所示。

图 7-5　信息提示框

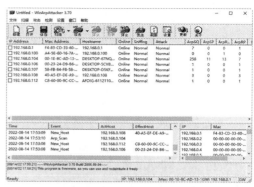

图 7-6　扫描结果

Step 07 在扫描结果中勾选要攻击的目标主机前面的复选框，然后在"WinArpAttacker"主窗口中单击"攻击"下拉按钮，在其弹出的快捷菜单中选择任意选项就可以对其他主机进行攻击了，如图 7-7 所示。

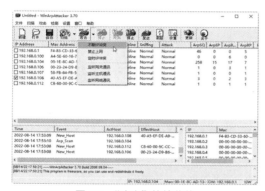

图 7-7　"攻击"快捷菜单

在 WinArpAttacker 中有以下 6 种攻击方式：

- 不断 IP 冲突。不间断的 IP 冲突攻击，FLOOD 攻击默认是一千次，可以在选项中改变这个数值。FLOOD 攻击可使对方机器弹出 IP 冲突对话框，导致死机。
- 禁止上网。禁止上网，可使对方机器不能上网。

- 定时 IP 冲突。
- 监听网关通讯。监听选定机器与网关的通讯，监听对方机器的上网流量。发动攻击后用抓包软件来抓包看内容。
- 监听主机通讯。监听选定的几台机器之间的通讯。
- 监听网络通讯。监听整个网络任意机器之间的通讯。这个功能过于危险，可能会把整个网络搞乱，建议不要乱用。

Step 08 如果选择"IP 冲突"选项，可使目标计算机不断打开"IP 地址与网络上的其他系统有冲突"提示框，如图 7-8 所示。

Step 09 如果选择"禁止上网"选项，此时在"WinArpAttacker"主窗口就可以看到该主机的"攻击"属性就变为"BanGateway"，如果想停止攻击，则需在"WinArpAttacker"主窗口选择"攻击"→"停止攻击"选项进行停止，否则将会一直进行，如图 7-9 所示。

图 7-8　IP 冲突信息

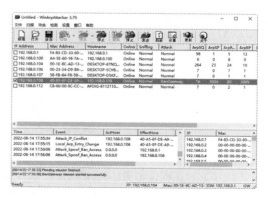

图 7-9　停止攻击

Step 10 在"WinArpAttacker"主窗口中单击"发送"按钮，可打开"手动发送 ARP 包"对话框，在其中设置目标硬件 Mac、Arp 方向、源硬件 Mac、目标协议 Mac、源协议 Mac、目标 IP 和源 IP 等属性后，单击"发送"按钮，可向指定的主机发送 Arp 数据包，如图 7-10 所示。

Step 11 在"WinArpAttacker"主窗口中选择"设置"选项，然后在弹出的快捷菜单中选择任意一项即可打开"Options（选项）"对话框，在其中对各个选项卡进行设置，如图 7-11 所示。

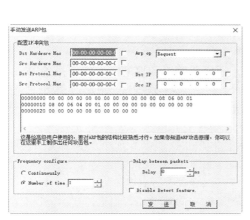

图 7-10　"手动发送 ARP 包"对话框

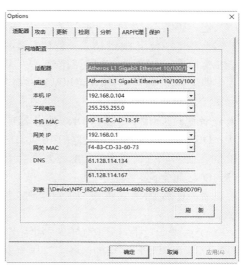

图 7-11　"Options（选项）"对话框

7.1.2　网络中的 DNS 欺骗攻击

DNS 欺骗即域名信息欺骗，是最常见的 DNS 安全问题。当一个 DNS 服务器掉入陷阱，使用了来自一个恶意 DNS 服务器的错误信息，那么该 DNS 服务器就被欺骗了。在 Windows 10 系统中，用户可以在"命令提示符"窗口中输入 nslookup 命令来查询 DNS 服务器的相关信息，如图 7-12 所示。

图 7-12　查询 DNS 服务器

1. DNS 欺骗原理

如果可以冒充域名服务器，再把查询的 IP 地址设置为攻击者的 IP 地址，用户上网就只能看到攻击者的主页，而不是用户想去的网站的主页，这就是 DNS 欺骗的基本原理。DNS 欺骗并不是要黑掉对方的网站，而是冒名顶替，从而实现其欺骗目的。和 IP 欺骗相似，DNS 欺骗的技术对于普通用户在防范上仍然有一定的困难，为克服这些困难，有必要了解 DNS 查询包的结构。

在 DNS 查询包中有个标识 IP，其作用是鉴别每个 DNS 数据包的印记，从客户端设置，由服务器返回，使用户匹配请求与相应。如某用户在浏览器地址栏中输入 www.baidu.com，如果黑客想通过假的域名服务器（如 220.181.6.20）进行欺骗，就要在真正的域名服务器（220.181.6.18）返回响应前，先给出查询的 IP 地址，如图 7-13 所示。

图 7-13 很直观，就是黑客在真正域名服务器 220.181.6.18 前，给用户发送一个伪造的 DNS 信息包。但在 DNS 查询包中有一个重要的域就是标

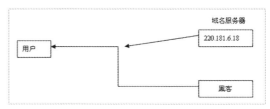

图 7-13　DNS 欺骗示意图

识 ID，如果要发送的伪造 DNS 信息包不被识破，就必须伪造出正确的 ID。如果无法判别该标记，DNS 欺骗将无法进行。只要在局域网上安装有嗅探器，通过嗅探器就可以知道用户的 ID。但要是在互联网上实现欺骗，就只有发送大量在一定范围内的 DNS 信息包，来提高得到正确 ID 的机会。

2. DNS 欺骗的方法

网络攻击者通常通过以下 3 种方法进行 DNS 欺骗。

（1）缓存感染

黑客会熟练地使用 DNS 请求，将数据放入一个没有设防的 DNS 服务器的缓存当中。这些缓存信息会在客户进行 DNS 访问时返回给客户，从而将客户引导到入侵者所设置的运行木马的 Web 服务器或邮件服务器上，然后黑客可以从这些服务器上获取用户信息。

（2）DNS 信息劫持

入侵者通过监听客户端和 DNS 服务器的对话，通过猜测服务器响应给客户端的 DNS 查询 ID。每个 DNS 报文包括一个相关联的 16 位 ID 号，DNS 服务器能够根据这个 ID 号获取请求源位置。黑客在 DNS 服务器之前将虚假的响应发送给用户，从而欺骗客户端去访问恶意网站。

（3）DNS 重定向

攻击者能够将 DNS 名称查询重定向到恶意 DNS 服务器。这样攻击者可以获得 DNS 服务器的读写权限。

防范 DNS 欺骗攻击可采取如下两种措施：

（1）直接用 IP 访问重要的服务，这样至少可以避开 DNS 欺骗攻击，但这需要你记住要访问的 IP 地址。

（2）加密所有对外的数据流，对服务器来说就是尽量使用 SSH 之类的有加密支持的协议。对一般用户应该用 PGP 之类的软件加密所有发到网络上的数据，但这也并不是容易的事情。

7.1.3 局域网中的主机欺骗

微视频

局域网终结者是用于攻击局域网中计算机的一款软件，其作用是构造虚假 ARP 数据包欺骗网络主机，使目标主机与网络断开。

使用局域网终结者欺骗网络主机的具体操作步骤：

Step01 在"命令提示符"窗口中输入 Ipconfig 命令，按 Enter 键，查看本机的 IP 地址，如图 7-14 所示。

Step02 在"命令提示符"窗口中输入 ping 192.168.0.135 -t 命令，按 Enter 键，检测本机与目标主机之间是否连通。如果出现相应的数据信息，则表示可以对该主机进行 ARP 欺骗攻击，如图 7-15 所示。

图 7-14　查看本机的 IP 地址

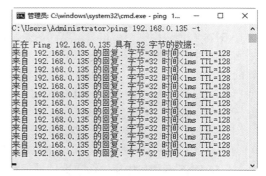

图 7-15　检测连接是否连通

Step 03 如果出现"请求超时"提示信息，说明对方已经启用防火墙，此时就无法对主机进行 ARP 欺骗攻击，如图 7-16 所示。

Step 04 运行"局域网终结者"主程序后，打开"局域网终结者"主窗口，如图 7-17 所示。

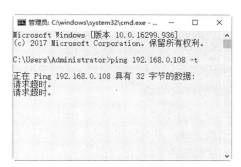

图 7-16　"请求超时"提示信息

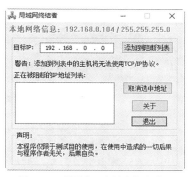

图 7-17　"局域网终结者"主窗口

Step 05 在"目标 IP"文本框中输入要控制目标主机的 IP 地址，然后单击"添加到阻断列表"按钮，可将该 IP 地址添加到"阻断"列表中，如果此时目标主机中出现 IP 冲突的提示信息，则表示攻击成功，如图 7-18 所示。

7.1.4　钓鱼网站的欺骗技术

钓鱼网站通常指伪装成银行及电子商务，窃取用户提交的银行账号、密码等私密信息的网站。"钓鱼"是一种网络欺诈行为，指不法分子利用各种手段，仿冒真实网站的 URL 地址以及页面内容，或利用真实网站服务器程序上的漏洞在站点的某些网页中插入危险的 HTML 代码，以此来骗取用户银行或信用卡账号、密码等私人资料。

微视频

图 7-18　添加 IP 地址到"阻断"列表

网络钓鱼的技术手段有多种，如邮件攻击、跨站脚本、网站克隆、会话截取等。在各种网银事件中，最常见的是克隆网站和 URL 地址欺骗这两种手段，下面分别进行分析。

1. 克隆网站（也称"伪造网站"）

克隆网站攻击形式被称作域名欺骗攻击，即网站的内容和真实的银行网站非常的相似，而且非常简单，最致命的一点是通过网站克隆技术克隆的网站和真实的网站真假很难辨别。有时只是在网站域名中有一些极细小的差别，不细心的用户就很容易上当。

进行网站克隆首先需要对网站的域名地址进行伪装欺骗，最常用的就是采用和真实银行的网址非常相似的域名地址，如虚假的农业银行域名地址为"www.95569.cn"和真实的网址"www.95599.cn"只有一个"6"字只差，不细心的用户很难发现。图 7-19 所示即为真实农业银行网站与克隆农业银行网站的对比图。

图 7-19　真实农业银行网站与克隆农业银行网站的对比图

另外，在其他银行中类似的情况也出现不少，如中国工商银行假冒的网站使很多用户上当受骗，其假冒的网站域名为"www.1cbc.com.cn"，这与真实的网址"www.icbc.com.cn"只有数字"1"和字母"i"的不同，还有一些假冒的工商银行的网站地址"www.icbc.com"只比真实的网址缺少"cn"两个字母，不细心的用户根本不容易发现。图 7-20 所示即为真实工商银行网站与克隆工商银行网站的对比图。

图 7-20　真实工商银行网站与克隆工商银行网站的对比图

总之，网站克隆攻击很难被用户发现，一不小心就很容易上当受骗。除此之外，现在网站的域名管理也不是很严格，普通用户也可以申请注册域名，使得网站域名欺骗屡屡发生，给网银用户带来了极大的经济损失。但是，假的真不了，真的假不了，即使伪造的网站页面无论是网站的 Logo、

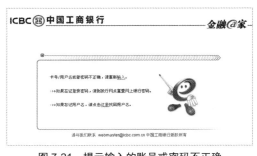

图 7-21　提示输入的账号或密码不正确

图标、新闻和超级链接等内容都能连接到真实的网页，但在输入账号的位置处就会存在着与真实网站的不同之处，这是网站克隆攻击是否成功的关键。当用户输入自己的账号和密码时，网站会自动弹出一些不正常的窗口，如提示用户输入的账号或密码不正确，要求再次输入账号和密码的信息窗口等，如图 7-21 所示。其实，在用户第一次输入账号和密码并提示输入错误时，该账号信息已经被网站后门程序记录下来并发送给黑客了。

2. URL 地址欺骗攻击

URL 其全称为"uniform resource locators"，即统一资源定位器，在地址栏中输入的网址就属于 URL 的一种表达方式。基本上所有访问网站的用户都会使用到 URL，其作用非常强大，但也可以利用 URL 地址进行欺骗攻击。攻击者利用一定的攻击技术，构造虚假的 URL 地址。当用户访问该地址的网页时，以为自己访问的是真实的网站，从而把自己的财务信息泄漏出去，造成严重的经济损失。

在使用该方法进行诱骗时，黑客们常常是通过垃圾邮件或在各种论坛网页中发布伪造的链接地址，进而诱使用户访问虚假的网站。伪造虚假的 URL 地址的方法有多种，如起个具有诱惑性的网站名称、调包易混的字母数字等，但最常用的还是利用 IE 编码或 IE 漏洞进行伪造 URL 地址。该方法使得用户点击的链接与真实的网址不符，从而登录黑客伪造的网站。

这里举一个具体的实例来说明利用 URL 伪造地址进行网上银行攻击的过程，具体的操作步骤如下：

Step01 在任意网上论坛中发布一个极具有诱惑性的帖子，其主题为"注册网上银行即可中 1 万元大奖！"，如图 7-22 所示。

Step02 帖子内容中输入诱惑性的信息，并留下网上银行的链接地址，这个地址的作用是诱导用户登录伪造的网站，并使用户误认为登录的网站地址是正确的，因此需要在帖子中加入如下代码"点击 <a href="http://www.baidu.com"> 中国农业银行网上银行 </a>，登录或注册网上银行就有可能中 1 万元大奖！"，如图 7-23 所示。

Step03 输入完毕后，单击"发表"按钮或在编辑框内按 Ctrl+Enter 组合键发表帖子。在帖子发表成功后，可在网页中显示"中国农业银行网上银行"的信息，如图 7-24 所示。

图 7-22　网上论坛页面　　　　　　　　　　图 7-23　输入帖子内容信息

Step04 当用户点击"中国农业银行网上银行"链接时，打开的却是黑客伪造的网站，这里是百度网页。如果把百度的网址换成黑客伪造的银行网站，那么用户就有可能上当受骗，如图 7-25 所示。

图 7-24　发布帖子　　　　　　　　　　　　图 7-25　百度网页

提示：这种欺骗方法是一种比较简单的，稍有一点上网经验的用户只需将鼠标放置的超级链接上即可在下方的状态栏中看到实际所链接到网址，从而识破该欺骗形式。

Step05 为了进一步伪装 URL 地址，还需要在真实的网上银行 URL 地址中加入相关代码，如把上述帖子内容修改为：点击 <a href="http://www.baidu.com">http://www.95599.cn/ </a>，登录或注册网上银行就有可能中 1 万元大奖！，如图 7-26 所示。

Step06 发帖成功后，在网页中将显示"http://www.95599.cn"的链接地址，即使鼠标移动到链接地址上，在其窗口的状态栏中看起来依然连接到"http://www.95599.cn"。但是点击该链接后才发现打开的是伪装的网站，如图 7-27 所示。

图 7-26　伪装 URL 地址　　　　　　　　　图 7-27　发帖成功后的信息

总之，针对上述情况，用户在上网的过程中，一定要随时注意地址栏中 URL 的变化，一旦发现地址栏中的域名发生变化就要引起高度的重视，从而避免自己上当受骗。

7.2 网络欺骗攻击的防护

针对网络中形形色色的欺骗，计算机用户也不要害怕，下面介绍几种防范网络欺骗攻击的方法与技巧。

7.2.1 防御 ARP 攻击

恶意 ARP 攻击泛滥给局域网用户带来巨大的安全隐患和不便。网络可能会时断时通，个人账号信息可能在毫不知情的情况下就被攻击者盗取。绿盾 ARP 防火墙能够双向拦截 ARP 欺骗攻击包，监测锁定攻击源，时刻保护局域网用户主机的正常上网数据流向，是一款适于个人用户的反 ARP 欺骗保护工具。

使用绿盾 ARP 防火墙的具体操作步骤如下：

Step01 下载并安装绿盾 ARP 防火墙，打开其主窗口，在"运行状态"选项卡下可以看到攻击来源主机 IP 及 MAC、网关信息、拦截攻击包等信息，如图 7-28 所示。

Step02 在"系统设置"选项卡下选择"ARP 保护设置"选项，可以对绿盾 ARP 防火墙各个属性进行设置，如图 7-29 所示。

图 7-28 绿盾 ARP 防火墙

图 7-29 "系统设置"选项卡

Step03 如果选中"手工输入网关 MAC 地址"单选按钮，然后单击"手工输入网关 MAC 地址"按钮，打开"网关 MAC 地址输入"对话框，在其中输入网关 IP 地址与 MAC 地址。一定要把网关的 MAC 地址设置正确，否则将无法上网，如图 7-30 所示。

Step04 单击"添加"按钮，完成网关的添加操作，如图 7-31 所示。

图 7-30 "网关 MAC 地址输入"对话框

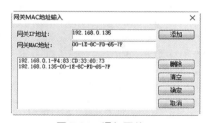
图 7-31 添加网关

提示：根据 ARP 攻击原理，攻击者就是通过伪造 IP 地址和 MAC 地址来实现 ARP 欺骗的。绿盾 ARP 防火墙的网关动态探测和识别功能可以识别伪造的网关地址，动态获取并分析判断后为运行 ARP 防火墙的计算机绑定正确的网关地址，从而时刻保证本机上网数据的正确流向。

Step05 选择"扫描限制设置"选项，在打开的界面中可以对扫描各个参数进行限制设置，如图 7-32 所示。

Step06 选择"带宽管理设置"选项，在打开的界面中可以启用公网带宽管理功能，在其中设置上传或下载带宽限制值，如图 7-33 所示。

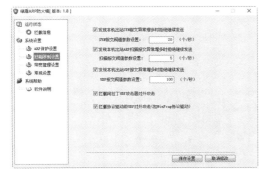

图 7-32　"扫描限制设置"选项

图 7-33　"宽带管理设置"选项

Step07 选择"常规设置"选项，在其中可以对常规选项进行设置，如图 7-34 所示。

Step08 单击"设置界面弹出密码"按钮，弹出"密码设置"对话框在其中可以对界面弹出密码进行设置，输入完毕后，单击"确定"按钮即可完成密码的设置，如图 7-35 所示。

图 7-34　"常规设置"选项

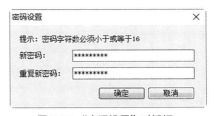

图 7-35　"密码设置"对话框

提示：在 ARP 攻击盛行的当今网络中，绿盾 ARP 防火墙不失为一款好用的反 ARP 欺骗保护工具，使用该工具可以有效地保护自己的系统免遭欺骗。

7.2.2　防御 DNS 欺骗

Anti ARP-DNS 防火墙是一款可对 ARP 和 DNS 欺骗攻击实时监控和防御的防火墙。当受到 ARP 和 DNS 欺骗攻击时，会迅速记录追踪攻击者并将攻击程度控制至最低，可有效防范局域网内的非法 ARP 或 DNS 欺骗攻击，还能解决被人攻击之后出现 IP 冲突的问题。

微视频

具体的操作步骤如下：

Step01 安装 Anti ARP-DNS 防火墙后，打开其主窗口，可以看出在主界面中显示的网卡数据信息，包括子网掩码、本地 IP 以及局域网中其他计算机等信息。当启动防护程序后，该软件就会把本机 MAC 地址与 IP 地址自动绑定实施防护，如图 7-36 所示。

提示：当遇到 ARP 网络攻击后，软件会自动拦截攻击数据，系统托盘图标是呈现闪烁性图标来警示用户，另外在日志里也将记录在当前攻击者的 IP 和 MAC 攻击者的信息和攻击来源。

Step02 单击"广播源列"按钮，可看到广播来源的相关信息，如图 7-37 所示。

图 7-36　Anti ARP-DNS 防火墙

图 7-37　广播来源列表

Step03 单击"历史记录"按钮，可看到受到 ARP 攻击的详细记录。另外，在下面的"IP"地址文本框中输入 IP 机制之后，单击"查询"按钮，可查出其对应的 MAC 地址，如图 7-38 所示。

Step04 单击"基本设置"按钮，可看到相关的设置信息，在其中可以设置各个选项的属性，如图 7-39 所示。

图 7-38　"历史记录"界面

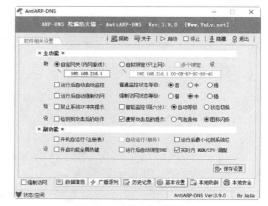

图 7-39　"基本设置"界面

提示：AntiARP-DNS 提供了比较丰富的设置菜单，如主要功能、副功能等。除可用预防掉线断网情况外，还可以识别由 ARP 欺骗造成的"系统 IP 冲突"情况，而且还增加了自动监控模式。

Step05 单击"本地防御"按钮，可看到"本地防御欺骗"选项卡，在其中根据 DNS 绑定功能可屏蔽不良网站，如在用户所在的网站被 ARP 挂马等，可以找出页面进行屏蔽。其格式是：127.0.0.1 www.xxx.com，同时该网站还提供了大量的恶意网站域名，用户可根据情况进行设置，如图 7-40 所示。

图 7-40　"本地防御"界面

Step 06 单击"本地安全"按钮，可看到"本地安全防范"选项卡，在其中可以扫描本地计算机中存在的危险进程，如图 7-41 所示。

微视频

图 7-41 "本地安全"界面

7.3 嗅探网络中的数据信息

网络嗅探的基础是数据捕获。网络嗅探系统是并接在网络中来实现数据捕获的，这种方式和入侵检测系统相同，因此被称为网络嗅探。

7.3.1 嗅探 TCP/IP 数据包

SmartSniff 可以让用户捕获自己的网络适配器的 TCP/IP 数据包，并且可以按顺序查看客户端与服务器之间会话的数据。用户可以使用 ASCII 模式（用于基于文本的协议，如 HTTP、SMTP、POP3 与 FTP）、十六进制模式来查看 TCP/IP 会话（用于基于非文本的协议，如 DNS）。

利用 SmartSniff 捕获 TCP/IP 数据包的具体操作步骤如下：

Step 01 单击桌面上的 SmartSniff 程序图标，打开 SmartSniff 程序主窗口，如图 7-42 所示。

Step 02 单击"开始捕获"按钮或按 F5 键，开始捕获当前主机与网络服务器之间传输的数据包，如图 7-43 所示。

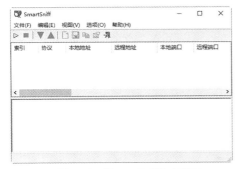

图 7-42 "SmartSniff"主窗口

图 7-43 捕获数据包信息

Step 03 单击"停止捕获"按钮或按 F6 键，停止捕获数据，在列表中选择任意一个 TCP 类型的数据包，可查看其数据信息，如图 7-44 所示。

Step 04 在列表中选择任意一个 UDP 协议类型的数据包，可查看其数据信息，如图 7-45 所示。

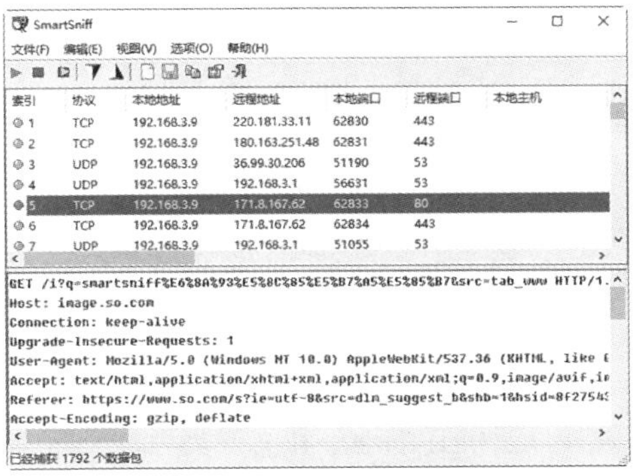

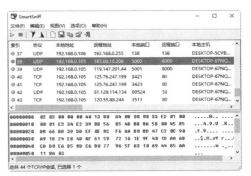

图 7-44 停止捕获数据

图 7-45 查看数据信息

Step05 在列表中选中任意一个数据包，执行"文件"→"属性"命令，在打开的"属性"对话框中可以查看其属性信息，如图 7-46 所示。

Step06 在列表中选中任意一个数据包，执行"视图"→"网页报告 -TCP/IP 数据流"命令，可以以网页形式查看数据流报告，如图 7-47 所示。

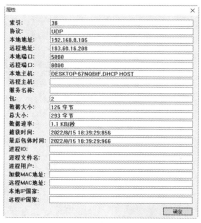

图 7-46 "属性"对话框

图 7-47 查看数据流报告

7.3.2 嗅探上下行数据包

微视频

网络数据包嗅探专家是一款监视网络数据运行的嗅探器，它能够完整地捕捉到所处局域网中所有计算机的上行、下行数据包，用户可以将捕捉到的数据包保存下来，以进行监视网络流量、分析数据包、查看网络资源利用、执行网络安全操作规则、鉴定分析网络数据，以及诊断并修复网络问题等操作。

使用网络数据包嗅探专家的具体操作步骤如下：

Step01 打开网络数据包嗅探专家程序工作界面，如图 7-48 所示。

Step02 单击"开始嗅探"按钮，开始捕获当前网络数据，如图 7-49 所示。

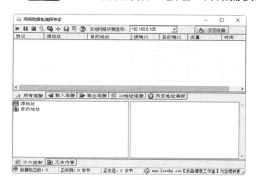

图 7-48 网络数据包嗅探专家

图 7-49 捕获当前网络数据

Step03 单击"停止嗅探"按钮，停止捕获数据包。当前的所有网络连接数据将在下方显示出来，如图 7-50 所示。

Step04 单击"IP 地址连接"按钮，将在上方窗格中显示前一段时间内输入与输出数据的源地址与目标地址，如图 7-51 所示。

Step05 单击"网页地址嗅探"按钮，可查看当前所连接网页的详细地址和文件类型，如图 7-52 所示。

图 7-50 停止捕获数据包

图 7-51 显示源地址与目标地址

7.4 实战演练

7.4.1 实战 1：查看系统中的 ARP 缓存表

在利用网络欺骗攻击的过程中，经常用到的一种欺骗方式是 ARP 欺骗，但在实施 ARP 欺骗之前，需要查看 ARP 缓存表。那么如何查看系统的 ARP 缓存表信息呢？

图 7-52 显示详细地址和文件类型

微视频

具体的操作步骤如下。

Step01 右击"开始"按钮，在弹出的快捷菜单中选择"运行"选项，打开"运行"对话框，在"打开"文本框中输入 cmd 命令，如图 7-53 所示。

Step02 单击"确定"按钮，打开"命令提示符"窗口，如图 7-54 所示。

图 7-53 "运行"对话框

图 7-54 "命令提示符"窗口

Step03 在"命令提示符"窗口中输入 arp -a 命令，按 Enter 键执行命令，显示出本机系统的 ARP 缓存表中的内容，如图 7-55 所示。

Step04 在"命令提示符"窗口中输入 arp -d 命令，按 Enter 键执行命令，删除 ARP 表中所有的内容，如图 7-56 所示。

图 7-55 ARP 缓存表

图 7-56 删除 ARP 表

7.4.2 实战2：在网络邻居中隐藏自己

微视频

如果不想让别人在网络邻居中看到自己的计算机，则可把自己的计算机名称在网络邻居里隐藏，具体的操作步骤如下：

Step01 右击"开始"按钮，在弹出的快捷菜单中选择"运行"选项，打开"运行"对话框，在"打开"文本框中输入 regedit 命令，如图 7-57 所示。

Step02 单击"确定"按钮，打开"注册表编辑器"窗口，如图 7-58 所示。

图 7-57 "运行"对话框

图 7-58 "注册表编辑器"窗口

Step03 在"注册表编辑器"窗口中，展开分支到 HKEY_LOCAL_MACHINE\System\CurrentControlSet\Services\LanManServer\Parameters 子键下，如图 7-59 所示。

Step04 选中 Hidden 子键并右击，在弹出的快捷菜单中选择"修改"选项，打开"编辑字符串"对话框，如图 7-60 所示。

图 7-59 展开分支

图 7-60 "编辑字符串"对话框

Step05 在"数值数据"文本框中将 DWORD 类键值从 0 设置为 1，如图 7-61 所示。

Step06 单击"确定"按钮，就可以在网络邻居中隐藏自己的计算机，如图 7-62 所示。

图 7-61 设置数值数据为 1

图 7-62 网络邻居

第 **8** 章

网络账号及密码的安全防护

随着网络用户的飞速增长，各种各样的网络账号密码也越来越多，账号密码被盗的现象也屡见不鲜，本章就来介绍网络账号及密码的安全防护。

8.1 常用破解密码的方式

随着计算机和互联网的普及以及发展，越来越多的人习惯于把自己的隐私数据保存在个人计算机中，而黑客要想知道密码之后的信息，就需要利用密码破解工具来破解密码。下面介绍几款常见的密码破解工具，例如 LC7、SAMInside 等。

8.1.1 使用 LC7 进行破解

L0phtCrack V7 ，简称 LC7，是一款网络管理员的必备的工具，可以用来检测 Windows 用户是否使用了不安全的密码，同样也是 Windows 管理员账号密码破解工具。LC7 工具的具体操作步骤如下：

Step 01 下载并安装 LC7 工具，选择"开始"→"程序"→"L0phtCrack7"选项，打开 LC7 工作界面，如图 8-1 所示。

Step 02 单击 Password Auditing Wizard 按钮，打开"LC7 向导"对话框，如图 8-2 所示。

图 8-1 "LC7"工作界面

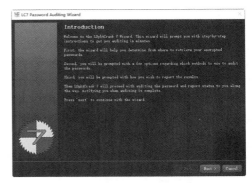

图 8-2 "LC7 向导"对话框

Step 03 单击 Next 按钮，在打开的对话框中选择要获得密码的计算机操作系统，这里选中 Windows 单选按钮，如图 8-3 所示。

Step 04 单击 Next 按钮，在打开的对话框选择需要获得密码的计算机是本机器还是远程机器，这里选中 The local machine 单选按钮，如图 8-4 所示。

图 8-3 选择计算机操作系统

图 8-4 选择计算机类型

Step 05 单击 Next 按钮，在打开的对话框中选择是用登录的账户还是其他管理员账户，这里选中 Use Logged-In User Credentials 单选按钮，如图 8-5 所示。

Step 06 单击 Next 按钮，在打开的对话框中选择密码爆破方式，这里选择快速破解方式，当然，也可以选择其他类型，如图 8-6 所示。

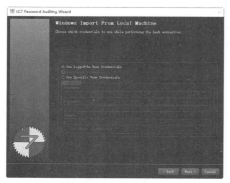

图 8-5 选择账户类型

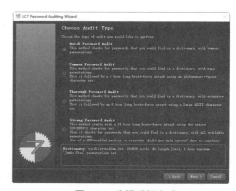

图 8-6 选择破解方式

Step 07 单击 Next 按钮，在打开的对话框中可以设置报告的各种风格，这是报告方式选择默认方式，如图 8-7 所示。

Step 08 单击 Next 按钮，在打开的对话框中选择第一个立即执行这项工作，如图 8-8 所示。

图 8-7 选择报告风格

图 8-8 立即执行破解操作

Step09 单击 Next 按钮，进入 Summary 对话框，可以查看设置信息，如图 8-9 所示。

Step10 单击 Finish 按钮，开始进行破解，如图 8-10 所示。在其中可以看到本机账户信息以及破解的具体进度。待破解完成后，即可在"Password"列中看到破解账户的密码。

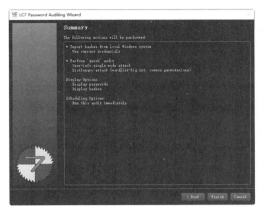

图 8-9　Summary 对话框

图 8-10　正在破解出账户的密码

8.1.2　使用 SAMInside 破解

SAMInside 是一款 Windows 密码恢复软件，其作用是恢复 Windows 的用户登录密码。与一般的 Windows 密码破解软件有所不同的是：SAMInside 是将用户密码以可阅读的明文分式破解出来，而且可以使用分布式攻击方式，同时使用多台计算机进行密码的破解，大大提高破解速度。

SAMInside 工具的使用步骤如下：

Step01 下载并运行 SAMInside.exe 文件，打开 SAMInside 主窗口，如图 8-11 所示。

Step02 单击"输入"按钮，在弹出的快捷菜单中即可看到 SAMInside 软件提供的文件输入方法。SAMInside 软件提供文件输入方法有"从 SUM 和 SYSTEM 注册表文件输入""从 SUM 注册表文件和用系统密钥文件输入""从 PEDUMP 文件输入""从 *.HDT 文件输入""从 *.LCP 文件输入""从 *.LCS 文件输入""从 *.LC 文件输入""从 *.LST 文件输入"等 8 种文件输入方式，如图 8-12 所示。选择相应的文件，可破解出其密码。

图 8-11　"SAMInside"主窗口

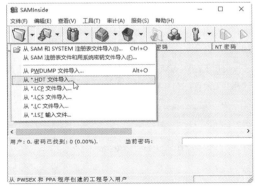

图 8-12　SAMInside 软件中的文件输入方式

Step03 在扫描计算机密码前，需要先导入本地用户。单击"输入本地用户"按钮，在弹出的快捷菜单中即可看到存在"使用 LSASS"和"使用计划任务"两种输入本地用户的方法，如图 8-13 所示。

Step04 选择"使用计划任务导入本地用户"选项，在下面的窗口中可看到本地计算机中所有的用户的信息，如图 8-14 所示。

图 8-13　查看输入本地用户的方式　　　　　　图 8-14　本地计算机中所有的用户的信息

Step05 在"用户"列表中选择要编辑的用户后，单击"用户"按钮 ，在弹出的快捷菜单中选择"编辑用户"选项，打开"编辑用户"对话框，如图 8-15 所示。在其中即可对选中的"Administrator"用户的信息进行重新编辑。

Step06 如果想添加新的用户，则单击"用户"按钮 ，在弹出的快捷菜单中选择"添加用户"选项，打开"添加用户"对话框，如图 8-16 所示。在其中输入相应的信息后，单击"添加"按钮即可添加一个新用户。

图 8-15　"编辑用户"对话框　　　　　　　图 8-16　"添加用户"对话框

Step07 在 SAMInside 主窗口中单击"删除用户"按钮 ，在弹出的快捷菜单中选择"删除已找到的密码用户"选项，打开一个信息提示框，如图 8-17 所示。单击"是"按钮即可删除所有已找到的密码用户。

Step08 在 SAMInside 主窗口中单击"LM/NT-hash 生成器"按钮 ，打开"LM/NT-hash 生成器"对话框，如图 8-18 所示。

图 8-17　"是否删除所有没有找到密码的用户"对话框　　　图 8-18　"LM/NT-hash 生成器"对话框

Step09 在"密码"文本框中输入密码后，单击"添加"按钮，此时在"SAMInside"主窗口中看到刚添加的 LM/NT 密码，如图 8-19 所示。

Step10 在 SAMInside 主窗口中单击"攻击"按钮，在弹出的快捷菜单中选择攻击方式，可开始进行密码破解，如图 8-20 所示。

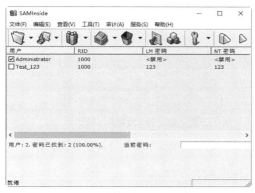

图 8-19　刚添加的 LM/NT 密码

图 8-20　开始进行密码破解

8.1.3　破解 QQ 账号与密码

QQ 简单盗是一款经典的盗号软件，采用插入技术，本身不产生进程，因此难以被发现。它会自动生成一个木马，只要黑客将生成的木马发送给目标用户，并诱骗其运行该木马文件，就达到了入侵的目的。

使用 QQ 简单盗破解密码的具体操作步骤如下：

Step01 下载并解压 QQ 简单盗文件夹，然后双击 QQ 简单盗 .exe 应用程序，打开"QQ 简单盗"主窗口，如图 8-21 所示。

Step02 在"收信邮箱""发信邮箱"和"发信箱密码"等文本框中分别输入邮箱地址和密码等信息，在"smtp 服务器"下拉列表框中选择一种邮箱的 SMTP 服务器，如图 8-22 所示。

图 8-21　"QQ 简单盗"主窗口

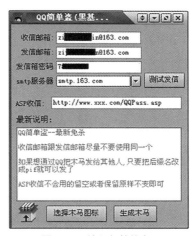

图 8-22　输入邮箱信息

Step03 设置完毕后，单击"测试发信"按钮，打开"请查看您的邮箱是否收到测试信件"提示框，如图 8-23 所示。

Step04 单击 OK 按钮，然后在地址栏中输入邮箱的网址，进入"邮箱登录"页面，在其中输入设置的收信邮箱的账户和密码后，进入邮箱首页，如图 8-24 所示。

图 8-23 信息提示框

图 8-24 "邮箱登录"页面

Step05 点击接收到的"发信测试"邮件，进入该邮件的相应页面。当收到这样的信息，表明"QQ简单盗"发消息功能正常，如图 8-25 所示。

提示：一旦 QQ 简单盗截获到 QQ 的账号和密码，会立即将内容发送到指定的邮箱中。

Step06 在"QQ 简单盗"主窗口中单击"选择木马图标"按钮，打开"打开"对话框，根据需要选择一个常见的不易被人怀疑的文件做图标，如图 8-26 所示。

图 8-25 查看邮箱信息

图 8-26 "打开"对话框

Step07 单击"打开"按钮，返回"QQ 简单盗"主窗口，在窗口的左下方即可看到木马图标已经换成了普通图片，如图 8-27 所示。

Step08 单击"生成木马"按钮，打开"另存为"对话框，在其中设置存放木马的位置和名称，如图 8-28 所示。

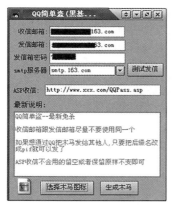

图 8-27 设置木马图片

图 8-28 "另存为"对话框

Step09 单击"保存"按钮，打开"提示"提示框，在其中显示生成的木马文件的存放位置和名称，如图 8-29 所示。

Step10 单击"确定"按钮，成功生成木马。打开存放木马所在的文件夹，可看到做好的木马程序。此时盗号者会将它发送出去，哄骗 QQ 用户去运行它，完成植入木马操作，如图 8-30 所示。

图 8-29　提示框

图 8-30　生成木马文件

8.2　QQ 账号及密码的防护

QQ 聊天使广大网民打破了地域的限制，可以和任何地方的朋友进行交流，方便了工作和生活。但是随着 QQ 的普及，一些盗取 QQ 账号与密码黑客也活跃起来。

8.2.1　提升 QQ 账号的安全设置

QQ 提供了保护用户隐私和安全的功能。通过 QQ 的安全设置，可以很好地保护用户的个人信息和账号的安全。

图 8-31　提示框

微视频

Step01 打开 QQ 主界面，单击"主菜单"按钮，在弹出的列表中选择"设置"选项，如图 8-31 所示。

Step02 弹出"系统设置"对话框，选择"安全设置"选项，用户可以修改密码、设置 QQ 锁和文件传输的安全级别等，如图 8-32 所示。

Step03 选择"QQ 锁"选项，用户可以设置 QQ 加锁功能，如图 8-33 所示。

图 8-32　"系统设置"对话框

图 8-33　"QQ 锁"设置界面

Step04 选择"消息记录"选项，勾选"退出 QQ 时自动删除所有消息记录"复选框，并勾选"启用消息记录加密"复选框，然后输入相关口令，还可以设置加密口令提示，如图 8-34 所示。

Step05 选择"安全推荐"选项，QQ 建议安装 QQ 浏览器，从而增强访问网络的安全性，如图 8-35 所示。

图 8-34 "消息记录"设置界面

图 8-35 "安全推荐"设置界面

Step06 选择"安全更新"选项，用户可以设置安全更新的安装方式，一般选中"有安全更新时自动为我安装，无须提醒（推荐）"单选按钮，如图 8-36 所示。

Step07 选择"文件传输"选项，在其中可以设置文件传输的安全级别，一般采用推荐设置即可，如图 8-37 所示。

图 8-36 "安全更新"设置界面

图 8-37 "文件传输"设置界面

8.2.2 使用金山密保来保护 QQ 号码

微视频

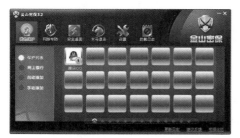

图 8-38 添加 QQ 软件

金山密保是针对用户安全上网时的密码保护需求而开发的一款密码保护产品，使用金山密保可有效保护网上银行账号、网络游戏账号、QQ 账号等。

使用金山密保保护 QQ 号码的具体操作步骤如下：

Step01 下载并安装"金山密保"软件，选择"开始"→"金山密保"选项，打开"金山密保"主界面，在其中即可看到腾讯 QQ 软件正在被保护，此时 QQ 图标右下方会出现一个黄色的叹号，如图 8-38 所示。

Step02 右击 QQ 图标，在弹出的快捷菜单中选择

"结束"选项，可停止对 QQ 的保护，此时黄色的叹号就会消失，如图 8-39 所示。

Step03 如果选择"设置"选项，可打开"添加保护"对话框。在其中可设置程序的路径、程序名、运行参数等属性，如图 8-40 所示。

提示：如果选择"从我的保护中移除"选项，可将 QQ 程序移出保护列表。如果想保护其他程序的话，需在"金山密保"主界面中单击"手动添加"按钮，在打开的对话框进行添加。

Step04 在"金山密保"主界面中单击"木马速杀"按钮，打开"金山密保盗号木马专杀"对话框，在其中即可对关键位置扫描、系统启动项、保护游戏扫描、保护程序扫描等进行扫描，如图 8-41 所示。

图 8-39　停止对 QQ 的保护

图 8-40　"添加保护"对话框

图 8-41　扫描关键位置

8.2.3　QQ 病毒木马专杀工具

QQ 病毒木马专杀工具通过扫描计算机中的可疑文件启动项、服务加载项、注册表加载项，快速清除计算机中的 QQ 病毒、木马、流氓软件。在遇到无法清除的顽固文件的情况下，还可以用"文件粉碎"功能来彻底删除。

利用 QQ 病毒木马专杀工具查杀 QQ 木马的具体操作步骤如下：

Step01 下载并运行"QQ 病毒木马专杀工具"，打开"QQ 病毒木马专杀工具"主界面，如图 8-42 所示。在其中可看到有"手动查毒""注入查杀""闪电杀毒"和"开机查杀"4 种杀毒方式。

Step02 切换到"查杀病毒"选项卡下，单击"手动查杀"按钮，可扫描出本机中存在风险的程序，如图 8-43 所示。

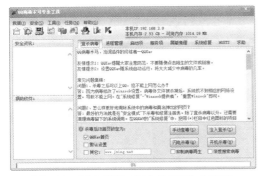

图 8-42　"QQ 病毒木马专杀工具"主窗口

图 8-43　扫描本机存在的风险程序

提示：在杀毒结束后，还可以自定义和锁定浏览器的首页。另外，为了更彻底地查杀病毒，可分别勾选"抑制病毒再生"复选框和"深度搜索病毒"复选框。

Step03 在"QQ 病毒木马专杀工具"主界面中单击"注入查杀"按钮，打开"QQ 病毒木马专杀工具"对话框，如图 8-44 所示。

Step 04 单击"确定"按钮，进行注入查杀操作。在注入查杀的过程中，如果发现木马文件，则会将其显示在上面的列表中，如图 8-45 所示。

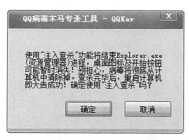

图 8-44 "QQ 病毒木马专杀工具"对话框

图 8-45 进行注入查杀

Step 05 扫描结束后，可打开"确定现在重启计算机吗？"对话框，如图 8-46 所示。单击"确定"按钮重启计算机，完成注入查杀操作。

Step 06 在"QQ 病毒木马专杀工具"主界面单击"闪电杀毒"按钮，可对本机进行一次快速查毒，同时还显示查杀病毒的信息，如图 8-47 所示。

图 8-46 "是否确定重启计算机"对话框

图 8-47 进行闪电杀毒

Step 07 为了彻底删除病毒文件，可以使用文件粉碎功能。在"QQ 病毒木马专杀工具"主窗口选择"工具"→"文件粉碎"选项，可打开"选择文件到可疑文件列表"对话框，如图 8-48 所示。

Step 08 在选择要粉碎的文件后，单击"打开"按钮，可在"查杀病毒"选项卡下的"文件"列表中看到添加的可疑文件，如图 8-49 所示。

图 8-48 "选择文件到可疑文件列表"对话框

图 8-49 添加的可疑文件

Step 09 选中添加的可疑文件，右击，在弹出的快捷菜单中选择"粉碎"选项，打开"是否彻底粉碎文件"对话框，如图 8-50 所示。单击"确定"按钮，可彻底粉碎选中的文件。

Step 10 在"QQ病毒木马专杀工具"主窗口选择"安全"菜单，在弹出的快捷菜单中选中各个选项，这样可以屏蔽恶意网站、QQ 尾巴病毒、好友发送病毒、U 盘病毒等内容，如图 8-51 所示。

图 8-50 "是否彻底粉碎文件"对话框

图 8-51 设置"安全"菜单

Step 11 在"QQ 病毒木马专杀工具"中还可以屏蔽和清理病毒。切换到"屏蔽清理"选项卡下，在其中可进行屏蔽和清理病毒操作，如图 8-52 所示。

Step 12 切换到"系统恢复"选项卡下，在其中可清理各种插件，还可以修改系统中各个组件，如图 8-53 所示。

图 8-52 "屏蔽清理"选项卡

图 8-53 "系统恢复"选项卡

8.3 邮箱账号及密码的防护

随着计算机与网络的快速普及，电子邮件作为便捷的传输工具，在信息交流中发挥着重要的作用。很多大中型企业和个人已实现了无纸办公，所有的信息都以电子邮件的形式传送着，其中包括了很多商业信息、工业机密和个人隐私。因此，电子邮件的安全性成为人们需要重点考虑的问题。

8.3.1 使用流光盗取邮箱密码

流光是一款绝好的 FTP、POP3 解密工具，在破解密码方面，它具有以下功能：

- 加入了本地模式，在本机运行时不必安装 Sensor。
- 用于检测 POP3/FTP 主机中用户密码安全漏洞。
- 高效服务器流模式，可同时对多台 POP3/FTP 主机进行检测。
- 支持 10 个字典同时检测，提高破解效率。

使用流光破解密码具体的操作步骤如下：

微视频

Step01 运行流光程序，主窗口显示如图 8-54 所示。

Step02 勾选"POP3 主机"复选框，选择"编辑"→"添加"→"添加主机"选项，如图 8-55 所示。

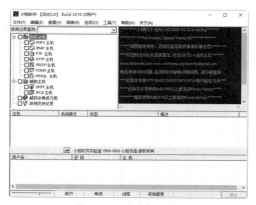

图 8-54 "流光"主窗口

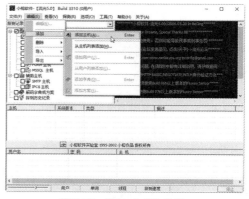

图 8-55 "添加主机"选项

Step03 打开"添加主机"对话框，在文本框输入要破解的 POP3 服务器地址，单击"确定"按钮，如图 8-56 所示。

Step04 勾选刚添加的服务器地址前的复选框，选择"编辑"→"添加"→"添加用户"选项，打开"添加用户"对话框。在文本框中输入要破解的用户名，单击"确定"按钮，如图 8-57 所示。

图 8-56 "添加主机"对话框

图 8-57 "添加用户"对话框

Step05 勾选"解码字典或方案"复选框，选择"编辑"→"添加"→"添加字典"选项，打开"打开"对话框，选择要添加的字典文件，单击"打开"按钮，如图 8-58 所示。

Step06 执行"探测"→"标准模式探测"命令，流光开始进行探测，右窗格中显示实时探测过程。如果字典选择正确，就会破解出正确的密码，如图 8-59 所示。

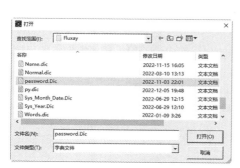

图 8-58 "添加主机"对话框

图 8-59 流光开始进行探测

8.3.2　找回被盗的邮箱账号

如果邮箱密码已经被黑客窃取甚至篡改，此时用户应该尽快将密码找回并修改密码以避免重要的资料丢失。目前，绝大部分的邮箱都提供有恢复密码功能，使用该功能可以找回邮箱账号，以便邮箱服务的继续使用。

下面介绍找回 QQ 邮箱密码的具体操作步骤如下：

Step01 在浏览器中打开 QQ 邮箱的登录页面（https://mail.qq.com/），如图 8-60 所示。

Step02 单击"找回密码"超链接，进入"找回密码"窗口，在其中输入账号，如图 8-61 所示。

Step03 单击"下一步"按钮，拖动滑块完成拼图，如图 8-62 所示。

Step04 进入"身份验证"界面，在其中显示了身份验证的方式，如图 8-63 所示。

微视频

图 8-60　QQ 邮箱的登录页面

图 8-61　"找回密码"窗口

图 8-62　拖动滑块完成拼图

图 8-63　"身份验证"界面

Step05 选择手机号验证，进入手机号验证页面，在其中输入手机号码与验证码，如图 8-64 所示。

Step06 单击"下一步"按钮，进入设置新密码界面，输入新密码，如图 8-65 所示。

Step07 单击"确定"按钮，完成密码的重置，并显示重置密码成功信息提示，如图 8-66 所示。

图 8-64　输入手机号

图 8-65　输入密码

图 8-66　完成密码的重置

8.3.3　通过邮箱设置防止垃圾邮件

在电子邮箱的使用过程中，遇到垃圾邮件是很正常不过的事情，那么如何处理这些垃圾邮件呢？用户可以通过邮箱设置防止垃圾邮件。下面以在 QQ 邮箱中设置防止垃圾邮件为例，来介绍通过邮箱设置防止垃圾邮件的方法，具体的操作步骤如下：

Step01 在 QQ 邮箱工作界面中单击"设置"超链接，进入"邮箱设置"页面，如图 8-67 所示。

Step02 在"邮箱设置"页面中单击"反垃圾"选项，进入"反垃圾"设置页面，如图 8-68 所示。

Step03 单击"设置邮件地址黑名单"链接，进入"设置邮件地址黑名单"页面，在其中输入黑名单邮箱地址，如图 8-69 所示。

Step04 单击"添加到黑名单"按钮，将该邮箱地址添加到黑名单列表，如图 8-70 所示。

图 8-67　"邮箱设置"页面

图 8-68　"反垃圾"设置页面

图 8-69　输入邮箱地址

图 8-70　添加邮箱到黑名单列表

Step05 单击返回"反垃圾"设置超链接，进入"反垃圾"页面，在"反垃圾选项"页面中选中"拒绝"单选按钮，如图 8-71 所示。

Step06 在"邮件过滤提示"页面中选中"启用"单选按钮，这样有邮件被过滤时会给出相应的提示，单击"保存更改"按钮，保存修改，如图 8-72 所示。

图 8-71　"反垃圾选项"页面

图 8-72　"邮件过滤提示"页面

8.4　网游账号及密码的防护

如今网络游戏可谓是风靡一时，而大多数网络游戏玩家都在公共网吧里玩，这就给一些不法分子以可乘之机。他们只要能够突破网吧管理软件的限制，就可以使用盗号木马来轻松盗取大量的网络游戏账号。本节介绍一些常见网络游戏账号的盗取及防范方法，以便于玩家能切实保护好自己账号和密码。

8.4.1　使用盗号木马盗取账号的防护

微视频

在一些公共的上网场所（如网吧），使用木马盗取网络游戏玩家的账号、密码是比较常见的。如常见的一种情况就是：一些不法分子将盗号木马故意种在网吧计算机中，等其他人在这台计算机上玩网络游戏的时候，种植的木马程序就会偷偷地把账号、密码记录下来，并保存在隐蔽的文件中或直接根据设置发送到黑客指定的邮箱中。

针对这些情况，用户可以在登录网游账号之前，使用 360 杀毒、瑞星、金山毒霸等杀毒软件扫描各个存储空间，以查杀这些木马。下面以使用 360 杀毒中的顽固病毒木马专杀工具为例，介绍查杀盗号病毒木马的具体操作步骤：

Step01 双击桌面上的 360 系统急救箱快捷图标，打开"360 系统急救箱"界面，并自动检测和更新信息，如图 8-73 所示。

Step02 检测和更新完毕后，进入"360 系统急救箱"工作界面，选择扫描模式，如图 8-74 所示。

图 8-73　检测和更新信息

图 8-74　"360 系统急救箱"工作界面

Step03 单击"开始急救"按钮，扫描计算机中的顽固病毒木马，如图 8-75 所示。

Step04 扫描完成后，弹出"详细信息"页面，在其中给出扫描结果。对于扫描出来的病毒木马可直接进行清除，如图 8-76 所示。

图 8-75　扫描顽固病毒木马

图 8-76　清除病毒木马

8.4.2　使用远程控制方式盗取账号的防护

使用远程控制方式盗取网游账号是一种比较常见的方式，通过该方式可以远程查看、控制目标计算机，从而拦截用户的输入信息，窃取账号和密码。

针对这种情况，防御起来并不难，远程控制工具或者是木马肯定要访问网络，只要在计算机中安装有金山网镖等网络防火墙，就一定会逃不过网络防火墙的监视和检测。金山网镖一直将具有恶意攻击的远程控制木马加到病毒库中，有利于最新的金山毒霸对此类木马进行查杀。

使用金山网镖拦截远程盗号木马或恶意攻击的具体操作步骤如下：

Step01 双击桌面上的金山网镖快捷图标，打开"金山网镖"程序主界面，在该界面中可查看当前网络的接收流量、发送流量和当前网络活动状态，如图 8-77 所示。

Step02 选择"应用规则"选项卡，在该界面中可对互联网监控和局域网监控的安全级别进行设置，还可对防隐私泄漏相关参数进行开启或关闭的设置，如图 8-78 所示。

图 8-77　"金山网镖"主界面

图 8-78　"应用规则"选项卡

Step03 单击"IP 规则"按钮，在弹出面板中单击"添加"按钮，如图 8-79 所示。

Step04 打开"IP 规则编辑器"对话框，在该对话框中的相应文本框中输入要添加的自定义 IP 规制名称、描述、对方的 IP 地址、数据传输方向、数据协议类型、端口以及匹配条件时的动作等，如图 8-80 所示。

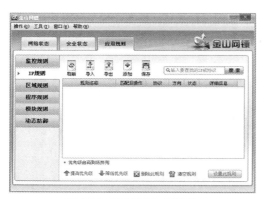

图 8-79　"IP 规则"主界面

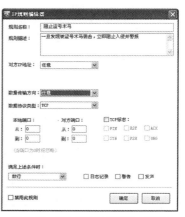

图 8-80　"IP 规则编辑器"对话框

Step05 设置完毕后，单击"确定"按钮，可看到刚添加的 IP 规制。单击"设置此规则"按钮，可重新设置 IP 规则，如图 8-81 所示。

图 8-81　重新设置 IP 规则

Step06 选择"工具"→"综合设置"选项，打开"综合设置"对话框，可在该界面中对是否开机自动运行金山网镖以及受到攻击时的报警声音进行设置，如图 8-82 所示。

Step07 选择"ARP 防火墙"选项，可在打开的界面中对是否开启木马防火墙进行设置，如图 8-83 所示。

Step08 单击"确定"按钮，保存综合设置。这样一旦本机系统遭受木马或有害程序的攻击，金山网镖即可给出相应的警告信息，用户可根据提示进行相应的处理。

图 8-82　"综合设置"对话框　　　　图 8-83　"ARP 防火墙"设置界面

8.5　微信账号及密码的防护

微信是一个为智能终端提供即时通信服务的免费应用程序，支持语音短信、视频、图片和文字等多种沟通方式，用户还可以群聊，并支持支付功能。为此，保护微信账号及密码的安全就显得非常重要了。

8.5.1　微信手机支付的安全设置

微视频

微信支付已经是当前流行的支付方式了，因此，对微信手机钱包的安全设置非常重要。安全设置的操作步骤如下：

Step01　在手机微信中进入"我的钱包"页面，如图 8-84 所示。

Step02　点按右上角的"⚏"图标，进入"支付中心"页面，如图 8-85 所示。

Step03　点按支付安全选项，进入"支付安全"界面，在其中可以选择更多的安全设置，如图 8-86 所示。

Step04　点按数字证书选项，进入"数字证书"界面，提示用户未启用数字证书，如图 8-87 所示。

图 8-84　"我的钱包"页面　　图 8-85　"支付中心"页面　　图 8-86　"支付安全"界面　　图 8-87　"数字证书"页面

Step05　点按"启用"按钮，进入"启用数字证书"页面，在其中输入身份证号，如图 8-88 所示。

Step06　点按"验证"按钮，开始验证身份证信息，验证完成后，会给出相应的提示信息，如图 8-89 所示。

Step07 返回"支付安全"界面，在其中可以看到数字证书已经启用，使用同样的方法还可以启动钱包锁功能，如图8-90所示。

图8-88 "启用数字证书"页面

图8-89 验证身份证信息

图8-90 "支付安全"界面

8.5.2 冻结微信账号以保护账号安全

当发现自己的微信账号被盗或手机丢失后，用户可以通过冻结微信账号来保护账号安全，具体的操作步骤如下：

Step01 在微信的工作界面中，点按"我"图标，进入"我"设置界面，如图8-91所示。

Step02 点按"设置"选项，进入"设置"界面，如图8-92所示。

Step03 点按"账号与安全"选项，进入"账号与安全"设置界面，如图8-93所示。

图8-91 "我"设置界面

图8-92 "设置"界面

图8-93 "账号与安全"设置界面

Step04 点按"微信安全中心"选项，进入"微信安全中心"设置界面，如图8-94所示。

Step05 点按"冻结账号"选项，进入"冻结账号"界面，在其中点按"开始冻结"按钮，可以冻结微信账号，如图8-95所示。

图 8-94 "微信安全中心"设置界面

图 8-95 "冻结账号"界面

8.6 网银账号及密码的防护

网上银行为用户提供了安全、方便、快捷的网上理财服务，不仅使用户能够进行账户查询、支付结算等传统银行柜台服务，还可以实现现金管理、投资理财等功能。同样，为了保证网上银行的安全，一些安全措施是必不可少的。

8.6.1 网上挂失银行卡

微视频

当突然发现自己的银行卡丢失了，用户必须马上进行挂失。用户可以到实体银行进行申请挂失，也可以在网上申请挂失。在网上申请挂失的操作步骤如下：

Step01 登录个人网上银行账户，在打开的页面中单击"网上挂失"按钮，进入"挂失指南"页面，如图 8-96 所示。

Step02 在"操作指南"页面中单击"挂失"链接，进入"挂失"页面，如图 8-97 所示。

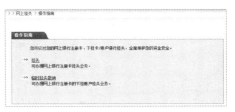
图 8-96 "挂失指南"页面

Step03 在其中输入要挂失的银行卡号，并选择证件类型以及输入证件号码，单击"挂失"按钮即可，如图 8-98 所示。

图 8-97 "挂失"页面

图 8-98 输入证件号码

8.6.2 使用网银安全证书

微视频

网银安全证书是银行系统为网银客户提供的一种高强度的安全认证产品，也是网银用户登录网上银行系统的唯一凭证。目前，所有国内银行网站，在第一次进入网银服务项目时，都需要下载并安装安全证书，所以网银用户可以通过检查网银安全证书，来确定打开的银行网站系统是不是黑客伪造的。这里以中国工商银行为例，来具体介绍一下网银安全证书下载并安装的过程，进而判断自己打开的工行网站的真伪，具体的操作步骤如下：

Step01 在浏览器地址栏中输入工商银行的网址"http://www.icbc.com.cn"打开银行系统的首页。在该页面的左侧单击网上银行任意服务项目按钮，打开该服务项目的账号密码登录页面，如单击"个人网上银行登录"按钮即可打开个人网上银行登录窗口，如图8-99所示。

Step02 在该登录页面地址栏后面可看到一个"🔒"图标按钮，单击该按钮即可弹出一个"网站标识"信息提示页面，提示用户本次与服务器的连接是加密的，如图8-100所示。

Step03 单击"查看证书"连接按钮，打开"证书"对话框，在"常规"选项卡中可查看该证书的目的、颁发给、颁发者和有效起始日期等信息，如图8-101所示。

图8-99　个人网上银行登录窗口　　图8-100　"网站标识"信息　　图8-101　"证书"对话框

Step04 单击"安装证书"按钮，打开"欢迎使用证书导入向导"对话框。该向导将帮助网银用户把证书、证书信任列表和证书吊销列表从磁盘中复制到证书存储区中，如图8-102所示。

Step05 单击"下一步"按钮，打开"证书存储"对话框，其中证书存储区是保存证书的系统区域。用户可根据实际需要自动选择证书存储区，一般采用系统默认选项"根据证书类型，自动选择证书存储区"，如图8-103所示。

图8-102　"欢迎使用证书导入向导"对话框　　　　图8-103　"证书存储"对话框

Step06 选择完毕后，单击"下一步"按钮，打开"正在完成证书导入向导"对话框，并提示用户已成功完成证书的导入，如图 8-104 所示。

图 8-104　成功完成证书的导入

图 8-105　"导入成功"对话框

图 8-106　"详细信息"选项

Step07 单击"完成"按钮，打开"导入成功"对话框。至此，就完成了中国工商银行网上银行安全证书的安装操作，如图 8-105 所示。

Step08 切换到"详细信息"选项卡，可在该界面中根据实际需要查看证书的相关信息，如证书的版本、序列号、主题、公钥、算法、证书策略等，如图 8-106 所示。

Step09 切换到"证书路径"选项卡，可在该界面中查看证书的相关路径信息，如图 8-107 所示。

提示：在网银安全证书安装完毕之后，就可以使用该证书来保护自己的网银账号安全了。在查看网银证书信息时，一定要注意网银证书上的信息是否正确以及证书是否在有效期内，如果证书显示的信息不一致或不在有效期内，那么这个网上银行系统就有可能是黑客伪造的钓鱼网站。

图 8-107　"证书路径"选项卡

8.7　实战演练

8.7.1　实战 1：找回被盗的 QQ 账号

下面介绍通过密保手机找回被盗的 QQ 账号的具体操作步骤：

Step01 双击桌面上的 QQ 登录快捷图标，打开"QQ 登录"窗口，如图 8-108 所示。

Step02 单击"找回密码"链接，进入"QQ 安全中心"页面，如图 8-109 所示。

Step03 单击"点击完成验证"链接，打开验证页面，在其中根据提示完成安全验证，如图 8-110 所示。

微视频

图 8-108　"QQ 登录"窗口

图 8-109　"QQ 安全中心"页面

图 8-110　验证页面

Step 04 单击"验证"按钮，完成安全验证，提示用户验证通过，如图 8-111 所示。

Step 05 单击"确定"按钮，进入身份验证页面，在其中单击"免费获取验证码"按钮，这时 QQ 安全中心会给密保手机发送一个验证码，在下面的文本框中输入收到的验证码，如图 8-112 所示。

图 8-111　用户验证通过

图 8-112　输入收到的验证码

Step 06 单击"确定"按钮，进入"设置新密码"页面，在其中输入设置的新密码，如图 8-113 所示。

Step 07 单击"确定"按钮，重置密码成功，这样就找回了被盗的 QQ 账号，如图 8-114 所示。

图 8-113　"设置新密码"页面

图 8-114　重置密码成功

微视频

8.7.2　实战 2：使用微信手机钱包转账

使用手机钱包转账是目前比较流行的支付方式，下面介绍使用手机钱包转账的方法与步骤：

Step 01 登录微信，点按需要转账的用户，进入微信聊天界面，点按右侧的"⊕"图标，进入如图 8-115 所示界面。

Step 02 点按"转账"图标，进入"转账"界面，在其中输入转账金额，如这里输入 100，如图 8-116 所示。

Step 03 点按"转账"按钮，进入"请输入支付密码"界面，在其中输入支付密码，如图 8-117 所示。

图 8-115　微信聊天界面

图 8-116　"转账"界面

图 8-117　输入支付密码

Step 04 输入密码正确后，会弹出支付成功界面，如图 8-118 所示。

Step 05 点按"完成"按钮即可将红包发送给对方，并显示发送的金额，如图 8-119 所示。

Step 06 当对方收钱后，会给自己返回一个对方已收钱的信息提示，如图 8-120 所示。

图 8-118　支付成功界面

图 8-119　显示发送的金额

图 8-120　已收钱信息提示

第9章

流氓软件与间谍软件的清理

在使用上网的过程中，有时会出现网页一直在刷新，或者会出现根本没想要搜索的页面内容、上网速度很慢等一系列问题。这很可能是因为计算机感染恶意软件或间谍软件所导致的。本章就来介绍网络流氓软件与间谍软件的清理，主要内容包括恶意软件的清理、间谍软件的清理等内容。

9.1 感染恶意或间谍软件后的症状

恶意或间谍软件主要是指某些共享或者免费软件在未经用户允许或授权的情况下，采用不正当的方式，利用强制注册功能或者采用诱骗、试用等手段将该软件所捆绑的各类恶意插件强制性的安装到用户的计算机系统上，从而控制计算机。计算机感染恶意或间谍软件后常见的几种症状如下：

1. 桌面上出现了莫名其妙的图标

用户在下载并安装一些正常软件后，会发现桌面上出现了一些莫名其妙的图标。这些软件很有可能是正常软件附带的一些其他软件，会在计算机用户毫不知情的情况安装到自己的计算机中。

2. 系统或程序不断崩溃

导致计算机系统或应用程序不断崩溃的原因有很多，有可能是软件和硬件之间存在兼容问题所导致的。但是，也有可能是像 rootkits 这种类型的恶意软件感染 Windows 内核后，造成系统的不断崩溃。

3. 毫无任何迹象的感染

即便是用户的计算机在运行过程中不存在任何问题，那也并不意味着是安全的，用户仍然有可能已经感染了恶意或间谍软件。像僵尸网络和其他用于盗窃用户数据的恶意软件是很难被发现的，除非计算机用户使用了安全防护软件来扫描系统，才能发现这些恶意或间谍软件。

9.2 清理恶意软件

软件在安装的过程中，一些流氓软件也有可能会强制安装进计算机，并会在注册表中添加相关的信息。普通的卸载方法并不能将流氓彻底删除，如果想将软件所有的信息删除掉，可以使用第三方软件来卸载。

9.2.1 使用《360 安全卫士》清理

微视频

使用 360 软件管理可以卸载流氓软件，具体的操作步骤如下：

Step01 启动《360 安全卫士》，在打开的主界面中选择"电脑清理"选项，进入电脑清理界面，如图 9-1 所示。

Step02 在电脑清理界面中选择"清理插件"选项，然后单击"一键扫描"按钮，扫描系统中的流氓软件，如图 9-2 所示。

图 9-1　电脑清理界面

图 9-2　扫描系统中的流氓软件

Step03 扫描完成后，单击"一键清理"按钮，可对扫描出来的流氓软件进行清理，并给出清理完成后的信息提示，如图 9-3 所示。

Step04 另外，还可以在"360 安全卫士"窗口中单击"软件管家"按钮，进入"360 软件管家"窗口，选择"卸载"选项卡，在"软件名称"列表中选择需要卸载的软件，如图 9-4 所示。

图 9-3　清理流氓软件

图 9-4　"360 软件管家"窗口

9.2.2　使用《金山清理专家》清理

《金山清理专家》的首要功能就是查杀恶意软件，在安装完金山清理专家系统之后就可以对本地机器上恶意软件进行查杀，具体的操作步骤如下：

Step01 双击桌面上的《金山清理专家》快捷图标，进入"金山清理专家"主窗口，如图 9-5 所示。

Step02 在"恶意软件查杀"选项卡中，可以对恶意软件、第三方插件和信任插件进行查杀，单击"恶意软件"选项，自动对恶意软件进行扫描，如图 9-6 所示。

图 9-5　"金山清理专家"主窗口

Step 03 扫描结束之后将显示出扫描结果，如果本机存在有恶意软件，只要在选中扫描出的恶意软件之后，单击"清除选定项"按钮即可将恶意软件删除掉，如图9-7所示。

图9-6 扫描恶意软件

图9-7 删除恶意软件

9.2.3 使用《恶意软件查杀助理》清理

微视频

《恶意软件查杀助理》是针对目前网上流行的各种木马病毒以及恶意软件开发的。《恶意软件查杀助理》可以查杀超过900多款恶意软件、木马病毒插件，找出隐匿在系统中的毒手。具体使用方法如下：

Step 01 安装软件后，单击桌面上的《恶意软件查杀助理》程序图标，启动《恶意软件查杀助理》，其主界面如图9-8所示。

Step 02 单击"立即扫描"按钮，软件开始检测计算机系统，如图9-9所示。

图9-8 "恶意软件查杀助理"工作界面

图9-9 检测计算机系统

Step 03 在《恶意软件查杀助理》安装的同时，还会安装一个名称为恶意软件查杀工具的软件。该工具需要与《恶意软件查杀助理》同时运行，运行恶意软件查杀工具，主界面如图9-10所示。

Step 04 单击"系统扫描"按钮，软件开始对计算机系统进行扫描，并实时显示扫描过程，如图9-11所示。

提示："系统扫描"完成后，用户可以根据软件提示的结果进行进一步的清除操作。因此，一定要记得经常对计算机系统进行系统扫描。

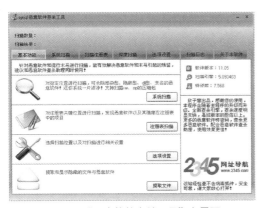

图 9-10　"恶意软件查杀工具"主界面　　　　　图 9-11　扫描计算机系统

9.3　清理间谍软件

间谍软件是一种能够在用户不知情的情况下，在其计算机上安装后门、收集用户信息的软件。间谍软件以恶意后门程序的形式存在，可以打开端口、启动 FTP 服务器或者搜集击键信息并将信息反馈给攻击者。

9.3.1　使用"事件查看器"清理

不管我们是不是计算机高手，都要学会自己根据 Windows 自带的"事件查看器"对应用程序、系统、安全和设置等进程进行分析与管理。

通过"事件查看器"查找间谍软件的操作步骤如下：

Step01 右击"此电脑"图标，在弹出的快捷菜单中选择"管理"选项，如图 9-12 所示。

Step02 弹出"计算机管理"对话框，在其中可以看到系统工具、存储、服务和应用程序 3 个方面的内容，如图 9-13 所示。

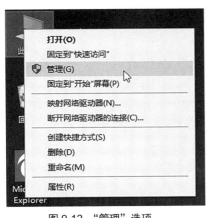

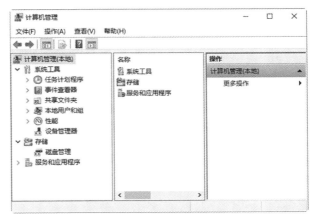

图 9-12　"管理"选项　　　　　　　图 9-13　"计算机管理"窗口

Step03 在右侧依次展开"计算机管理（本地）"→"系统工具"→"事件查看器"选项，可在下方显示事件查看器所包含的内容，如图 9-14 所示。

Step04 双击"Windows 日志"选项，可在右侧显示有关 Windows 日志的相关内容，包括应用程序、安全、设置、系统和已转发事件等，如图 9-15 所示。

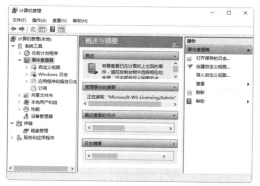

图 9-14 "事件查看器"选项

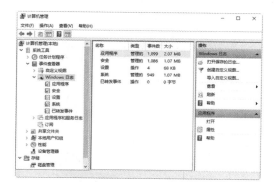

图 9-15 "Windows 日志"选项

Step 05 双击右侧区域中的"应用程序"选项，在打开的界面中可看到非常详细的应用程序信息，其中包括应用程序被打开、修改、权限过户、权限登记、关闭以及重要的出错或者兼容性信息等，如图 9-16 所示。

Step 06 右击其中任意一条信息，在弹出的快捷菜单中选择"事件属性"选项，如图 9-17 所示。

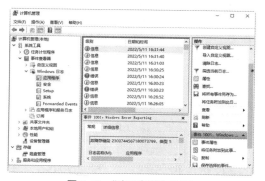

图 9-16 "应用程序"选项

图 9-17 "事件属性"选项

Step 07 打开"事件属性"对话框，在该对话框中可以查看该事件的常规属性以及详细信息等，如图 9-18 所示。

Step 08 右击其中任意一条应用程序信息，在弹出的快捷菜单中选择"保存选择的事件"选项，打开"另存为"对话框，在"名称"文本框中输入事件的名称，并选择事件保存的类型，如图 9-19 所示。

图 9-18 "事件属性"对话框

图 9-19 "另存为"对话框

Step09 单击"保存"按钮即可保存事件，并打开"显示信息"对话框，在其中设置是否要在其他计算机中正确查看此日志，设置完毕后，单击"确定"按钮保存设置，如图 9-20 所示。

Step10 双击左侧的"安全"选项，可以将计算机记录的安全性事件信息全都显示于此。用户可以对其进行具体查看和保存、附加程序等，如图 9-21 所示。

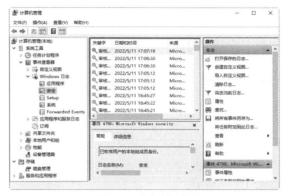

图 9-20　"显示信息"对话框　　　　　　　　　　图 9-21　"安全"选项

Step11 双击左侧的"Setup"选项，在右侧将会展开系统设置详细内容，如图 9-22 所示。

Step12 双击左侧的"系统"选项，会在右侧看到 Windows 操作系统运行时内核以及上层软硬件之间的运行记录。这里面会记录大量的错误信息，是黑客们分析目标计算机漏洞时最常用到的信息库，用户最好熟悉错误码，这样可以提高查找间谍软件的效率，如图 9-23 所示。

图 9-22　"Setup"选项　　　　　　　　　　　图 9-23　"系统"选项

9.3.2　使用《反间谍专家》清理

使用《反间谍专家》可以扫描系统薄弱环节以及全面扫描硬盘，智能检测和查杀超过上万种木马、蠕虫、间谍软件等，终止它们的恶意行为。当检测到可疑文件时，该工具还可以将其隔离，从而保护系统的安全。

微视频

下面介绍使用《反间谍专家》软件的基本步骤：

Step01 运行《反间谍专家》程序，打开"反间谍专家"主界面，从中可以看出《反间谍专家》有"快速查杀"和"完全查杀"2 种方式，如图 9-24 所示。

Step02 在"查杀"栏目中单击"快速查杀"按钮，然后右边的窗口中单击"开始查杀"按钮，打开"扫描状态"对话框，如图 9-25 所示。

图 9-24 "反间谍专家"主界面

图 9-25 "扫描状态"对话框

Step03 在扫描结束之后，可打开"扫描报告"对话框，在其中列出了扫描到的恶意代码，如图 9-26 所示。

Step04 单击"选择全部"按钮即可选中全部的恶意代码，然后单击"清除"按钮，快速清除扫描到的恶意代码，如图 9-27 所示。

图 9-26 "扫描报告"对话框

图 9-27 信息示框

Step05 如果要彻底扫描并查杀恶意代码，则需采用"完全查杀"方式。在"反间谍专家"主窗口中，单击"完全查杀"按钮，打开"完全查杀"对话框。从中可以看出完全查杀有 3 种快捷方式供选择，这里选中"扫描本地硬盘中的所有文件"单选按钮，如图 9-28 所示。

Step06 单击"开始查杀"按钮，打开"扫描状态"对话框，在其中可以查看查杀进程，如图 9-29 所示。

图 9-28 选择"完全查杀"方式

图 9-29 查看查杀进程

Step07 待扫描结束之后，打开"扫描报告"对话框，在其中列出所扫描到的恶意代码。勾选要清除的恶意代码前面的复选框后，单击"清除"按钮即可删除这些恶意代码，如图 9-30 所示。

Step08 在"反间谍专家"主界面中切换到"常用工具"栏目中，单击"系统免疫"按钮即可打开"系统免疫"对话框，单击"启用"按钮即可确保系统不受到恶意程序的攻击，如图 9-31 所示。

Step09 单击"IE 修复"按钮，打开"IE 修复"对话框，在选择需要修复的项目之后，单击"立即修复"按钮，可将 IE 恢复到其原始状态，如图 9-32 所示。

Step10 单击"隔离区"按钮，可查看已经隔离的恶意代码，选择隔离的恶意项目可以对其进行恢复或清除操作，如图 9-33 所示。

图 9-30　"扫描报告"对话框

图 9-31　"系统免疫"对话框

图 9-32　"IE 修复"对话框

图 9-33　查看隔离的恶意代码

Step 11 单击"高级工具"功能栏，进入"高级工具"设置界面，如图 9-34 所示。

Step 12 单击"进程管理"按钮，打开"进程管理"对话框，在其中可对进程进行相应的管理，如图 9-35 所示。

图 9-34　"高级工具"界面

图 9-35　"进程管理"对话框

Step 13 单击"服务管理"按钮，打开"服务管理"对话框，在其中可对服务进行相应的管理，如图 9-36 所示。

Step 14 单击"网络连接管理"按钮，打开"网络连接管理"对话框，在其中可对网络连接进行相应的管理，如图 9-37 所示。

图 9-36　"服务管理"对话框

图 9-37　"网络连接管理"对话框

Step 15 选择"工具"→"综合设定"选项，打开"综合设定"对话框，在其中可对扫描设定进行相应的设置，如图9-38所示。

Step 16 选择"查杀设定"选项卡，进入"查杀设定"设置界面，在其中可设定发现恶意程序时的默认动作，如图9-39所示。

图9-38 "综合设定"对话框

图9-39 "查杀设定"界面

9.3.3 使用SpyBot-Search&Destroy清理

微视频

SpyBot-Search&Destroy是一款专门用来清理间谍程序的工具。到目前为止，它已经可以检测1万多种间谍程序（Spyware），并对其中的1000多种进行免疫处理。这个软件是完全免费的，并有中文语言包支持，可以在Server级别的操作系统上使用。

下面介绍使用SpyBot软件查杀间谍软件的基本步骤：

Step 01 安装Spybot-Search&Destroy并设置好初始化之后，打开其主窗口，如图9-40所示。

Step 02 该软件支持多种语言，在其主窗口中选择Languages→"简体中文"选项，可将程序主界面切换为中文模式，如图9-41所示。

图9-40 SpyBot工作界面

图9-41 切换到中文模式

Step 03 单击其中的"检测"按钮或单击左侧的"检查与修复"按钮，可打开"检测与修复"窗口。单击"检测与修复"按钮，Spybot此时即可开始检查系统找到的存在的间谍软件，如图9-42所示。

Step 04 在软件检查完毕之后，检查页上将会列出在系统中查到可能有问题的软件。选取某个检查到的问题，再点击右侧的分栏箭头，可查询到有关该问题软件的发布公司，软件功能、说明和危害种类等信息，如图9-43所示。

Step 05 选中需要修复的问题程序，单击"修复"按钮，可打开"将要删除这些项目"提示信息框，如图9-44所示。

Step 06 单击"是"按钮即可看到在下次系统启动时自动运行的"警告"提示框，如图9-45所示。

Step 07 单击"是"按钮，可将选取的间谍程序从系统中清除，如图9-46所示。

Step 08 待修复完成后，可看到"确认"信息框。在其中会实现成功修复以及尚未修复问题的数目，并建议重启计算机。单击"确定"按钮重启计算机修复未修复的问题即可，如图9-47所示。

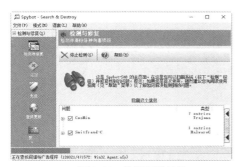

图 9-42　检测间谍软件

图 9-43　查看详细信息

图 9-44　"确认"信息框

图 9-45　"警告"提示框

图 9-46　清除间谍软件

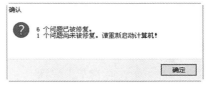

图 9-47　"确认"信息框

Step09 选择"还原"选项，在打开的界面中选择需要还原的项目，单击"还原"按钮，如图 9-48 所示。

Step10 打开"确认"信息框，提示用户是否要撤销先前所做的修改，如图 9-49 所示。

图 9-48　选择还原项目

图 9-49　"确认"信息框

Step11 单击"是"按钮，可将修复的问题还原到原来的状态，还原完毕后弹出"信息"提示框，如图 9-50 所示。

Step12 选择"免疫"选项，进入"免疫"设置界面。免疫功能可使用户的系统具有抵御间谍软件的免疫效果，如图 9-51 所示。

图 9-50 "信息"提示框

图 9-51 "免疫"设置界面

9.3.4 使用微软反间谍专家清理

微视频

微软反间谍专家（Windows Defender）是 Windows 10 系统的一项功能，主要用于帮助用户抵御间谍软件和其他潜在的有害软件的攻击。在系统默认情况下，该功能是不开启的。下面介绍如何开启 Windows Defender 功能，具体的操作步骤如下：

Step01 单击"开始"按钮，在弹出的快捷菜单中选择"控制面板"选项，打开"所有控制面板选项"窗口，如图 9-52 所示。

Step02 单击"Windows Defender"超链接，打开"Windows Defender"窗口，提示用户此应用已经关闭，如图 9-53 所示。

图 9-52 "所有控制面板选项"窗口

图 9-53 信息提示框

Step03 在"控制面板"窗口中单击"安全性与维护"超链接，打开"安全性与维护"窗口，如图 9-54 所示。

Step04 单击"间谍软件和垃圾软件防护"后面的"立即启用"按钮，打开如图 9-55 所示的信息提示框。

图 9-54 "安全性与维护"窗口

图 9-55 信息提示框

Step 05 单击"是,我信任这个发布者,希望运行此应用"超链接,启用 Windows Defender 服务。

9.4 实战演练

9.4.1 实战 1:一招解决弹窗广告

在浏览网页时,除了遭遇病毒攻击、网速过慢等问题外,还时常遭受铺天盖地的广告攻击,利用自带工具可以屏蔽广告,具体的操作步骤如下:

微视频

Step 01 打开"Internet 选项"对话框,在"安全"选项卡中单击"自定义级别"按钮,如图 9-56 所示。

Step 02 打开"安全设置"对话框,在"设置"列表框中将"活动脚本"设为"禁用"。单击"确定"按钮,可屏蔽一般的弹出窗口,如图 9-57 所示。

图 9-56 "安全"选项卡

图 9-57 "安全设置"对话框

提示:还可以在"Internet 选项"对话框中选择"隐私"选项卡,勾选"启用弹出窗口阻止程序"复选框,如图 9-58 所示。单击"设置"按钮,打开"弹出窗口阻止程序设置"对话框,将组织级别设置为"高"。最后单击"确定"按钮,可屏蔽的弹窗广告,如图 9-59 所示。

图 9-58 "隐私"选项卡

图 9-59 设置组织级别

9.4.2　实战 2：阻止流氓软件自动运行

微视频

当在使用计算机的时候，有可能会遇到流氓软件，如果不想程序自动运行，这时就需要用户阻止程序运行，具体的操作步骤如下：

Step01 按 Windows +R 键，在打开的"运行"对话框中输入 gpedit.msc，如图 9-60 所示。

Step02 单击"确定"按钮，打开"本地组策略编辑器"窗口，如图 9-61 所示。

图 9-60　"运行"对话框

图 9-61　"本地组策略编辑器"窗口

Step03 依次展开"用户配置"→"管理模板"→"系统"文件，双击"不运行指定的 Windows 应用程序"选择，如图 9-62 所示。

Step04 打开"不运行指定的 Windows 应用程序"窗口，选择"已启用"来启用策略，如图 9-63 所示。

图 9-62　"系统"设置界面

图 9-63　选择"已启用"

Step05 单击下方的"显示……"按钮，打开"显示内容"对话框，在其中添加不允许的应用程序，如图 9-64 所示。

Step06 单击"确定"按钮，把想要阻止的程序名添加进去。此时，如果再运行此程序，就会弹出相应的应用提示框了，如图 9-65 所示。

图 9-64　"显示内容"对话框

图 9-65　限制信息提示框

第10章

使用局域网安全防护工具

局域网作为计算机网络的一个重要成员已经被广泛应用于社会的各个领域。目前，黑客利用各种专门攻击局域网工具对局域网进行攻击，例如局域网查看工具、局域网攻击工具等。本章就来介绍局域网的安全防护。

10.1 查看局域网信息

利用专门的局域网查看工具可以查看局域网中各个主机的信息，本节将介绍两款非常方便实用的局域网查看工具。

10.1.1 使用 LanSee 查看

局域网查看工具（LanSee）是一款对局域网上的各种信息进行查看的工具。它集成了局域网搜索功能，可以快速搜索出计算机（包括计算机名、IP 地址、MAC 地址、所在工作组、用户），共享资源，共享文件；可以捕获各种数据包（TCP、UDP、ICMP、ARP），甚至可以从流过网卡的数据中嗅探出 QQ 号码、音乐、视频、图片等文件。

使用该工具查看局域网中各种信息的具体操作步骤如下：

Step01 双击下载的"局域网查看工具"程序，打开"局域网查看工具"主窗口，如图 10-1 所示。

Step02 在工具栏中单击"工具选项"按钮，打开"选项"对话框，选择"搜索计算机"选项卡，在其中设置扫描计算机的起始 IP 段和结束 IP 地址段等属性，如图 10-2 所示。

图 10-1 "局域网查看工具"主窗口

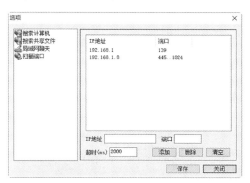

图 10-2 "选项"对话框

Step03 选择"搜索共享文件"选项卡，在其中可添加和删除文件类型，如图 10-3 所示。

Step04 选择"局域网聊天"选项卡，在其中可以设置聊天时使用的用户名和备注，如图 10-4 所示。

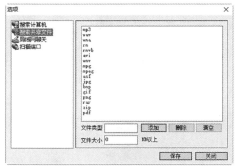

图 10-3 添加或删除文件类型

图 10-4 设置用户名和备注

Step05 选择"扫描端口"选项卡，在其中设置要扫描的 IP 地址、端口、超时等属性，设置完毕后单击"保存"按钮，保存各项设置，如图 10-5 所示。

Step06 在"局域网查看工具"主窗口中单击"开始"按钮，可搜索出指定 IP 段内的主机，在其中可看到各个主机的 IP 地址、计算机名、工作组、MAC 地址等属性，如图 10-6 所示。

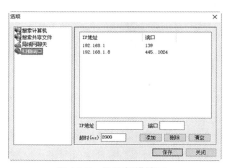

图 10-5 设置扫描端口

图 10-6 搜索指定 IP 段内的主机

Step07 如果想与某个主机建立连接，在搜索到的主机列表中右击该主机，在弹出的快捷菜单中选择"打开计算机"选项，打开"Windows 安全"对话框，在其中输入该主机的用户名和密码，单击"确定"按钮就可以与该按钮建立连接，如图 10-7 所示。

Step08 在"搜索工具"栏目下单击"主机巡测"按钮，打开"主机巡测"窗口，单击其中的"开始"按钮，可搜索出在线的主机，在其中可看到在线主机的 IP 地址、MAC 地址、最近扫描时间等信息，如图 10-8 所示。

图 10-7 "Windows 安全"对话框

图 10-8 搜索在线的主机

Step09 在"局域网查看工具"中还可以对共享资源进行设置。在"搜索工具"栏目下单击"设置共享资源"按钮，打开"设置共享资源"窗口，如图 10-9 所示。

Step10 单击"共享目录"文本框后的"浏览"按钮，打开"浏览文件夹"对话框，如图 10-10 所示。

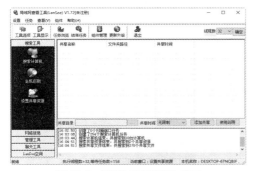

图 10-9　"设置共享资源"窗口

图 10-10　"浏览文件夹"对话框

Step11 在其中选择需要设置为共享文件的文件夹后，单击"确定"按钮即可在"设置共享资源"窗口中看到添加的共享文件夹，如图 10-11 所示。

Step12 在"局域网查看工具"中还可以进行文件复制操作，单击"搜索工具"栏目中下的"搜索计算机"按钮，打开"搜索计算机"窗口，在其中可看到前面添加的共享文件夹，如图 10-12 所示。

图 10-11　添加共享文件夹

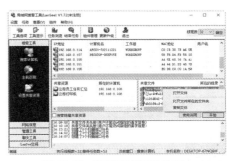

图 10-12　"搜索计算机"窗口

Step13 在"共享文件"列表中右击需要复制的文件，在弹出的快捷菜单中选择"复制文件"选项，打开"建立新的复制任务"对话框，如图 10-13 所示。

Step14 设置存储目录并勾选"立即开始"复选框后，单击"确定"按钮即可开始复制选定的文件。此时单击"管理工具"栏目下的"复制文件"按钮，打开"复制文件"窗口，在其中即可看到刚才复制的文件，如图 10-14 所示。

图 10-13　"建立新的复制任务"对话框

图 10-14　查看复制的文件

Step15 在"网络信息"栏目中可以查看局域网中各个主机的网络信息。例如单击"活动端口"按钮后，在打开的"活动端口"窗口中单击"刷新"按钮，可查看所有主机中正在活动的端口，如图 10-15 所示。

Step16 如果想获取计算机的网络适配器信息，需单击"适配器信息"按钮，在打开的"适配器信息"窗口中可看到网络适配器的详细信息，如图 10-16 所示。

图 10-15　正在活动的端口

图 10-16　网络适配器的信息

Step17 利用"局域网查看工具"还可以对远程主机进行远程关机和重启操作。单击"管理工具"栏目下的"远程关机"按钮，打开"远程关机"窗口，单击"导入计算机"按钮，导入整个局域网中所有的主机，勾选主机前面的复选框后，单击"远程关机"按钮和"远程重启"按钮即可分别完成关闭和重启远程计算机的操作，如图 10-17 所示。

Step18 "局域网查看工具"还可以给指定的主机发送消息。单击"管理工具"栏目下的"发送消息"按钮，打开"发送消息"窗口，单击"导入计算机"按钮，导入整个局域网中所有的主机，如图 10-18 所示。

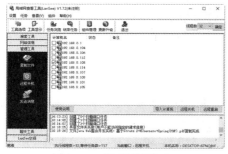

图 10-17　"远程关机"窗口

图 10-18　"发送消息"窗口

Step19 选择要发送消息的主机，在"发送消息"文本区域中输入要发送的消息，然后单击"发送"按钮即可将这条消息发送给指定的用户，此时可看到该主机的"发送状态"是"正在发送"，如图 10-19 所示。

Step20 选择"聊天工具"栏目，在其中可进行与局域网中用户进行聊天，还可以共享局域网中的文件。如果想和局域网中用户聊天，可单击"局域网聊天"按钮，打开"局域网聊天"窗口，如图 10-20 所示。

Step21 在下面的"发送信息"区域中编辑要发送的消息，单击"发送"按钮，可将该消息发送出去。此时在"局域网聊天"窗口中可看到发送的消息，该模式类似于 QQ 聊天，如图 10-21 所示。

Step22 单击"文件共享"按钮，打开"文件共享"窗口，在其中可进行搜索用户共享、复制文件、添加共享等操作，如图 10-22 所示。

图 10-19　发送消息给指定的用户

图 10-20　"局域网聊天"窗口

图 10-21　发送消息

图 10-22　"文件共享"窗口

10.1.2　使用 IPBooK 查看

IPBook（超级网络邻居）是一款小巧的搜索共享资源及 FTP 共享的工具，软件自解压后就能直接运行。它还有许多辅助功能，如发送短信等，并且其功能不限于局域网，也可以在互联网使用。使用该工具的具体操作步骤如下：

Step01 双击下载的"IPBook"应用程序，打开"IPBook（超级网络邻居）"主窗口，在其中可自动显示本机的 IP 地址和计算机名，其中 192.168.0.104 和 192.168.0 的分别是本机的 IP 地址与本机所处的局域网的 IP 范围，如图 10-23 所示。

Step02 在 IPBook 工具中可以查看本网段所有机器的计算机名与共享资源。在"IPBook（超级网络邻居）"主窗口中，单击"扫描一个网段"按钮，几秒钟之后，本机所在的局域网所有在线计算机的详细信息将显示在左侧列表框中如图 10-24 所示，其中包含 IP 地址、计算机名、工作组、信使等信息。

图 10-23　"IPBook"主窗口

图 10-24　局域网所有在线主机

Step03 在显示出所有计算机信息后，单击"点验共享资源"按钮，可查出本网段机器的共享资源，

141

并将搜索的结果显示在右侧的树状显示框中，在搜索之前还可以设置是否同时搜索 HTTP、FTP、隐藏共享服务等，如图 10-25 所示。

Step04 在 IPBook 工具中还可以给目标网段发送短信。在"IPBook（超级网络邻居）"主窗口中单击"短信群发"按钮，打开"短信群发"对话框，如图 10-26 所示。

图 10-25　共享资源信息

图 10-26　"短信群发"对话框

Step05 在"计算机区"列表中选择某台计算机，单击"Ping"按钮，可在"IPBook（超级网络邻居）"主窗口看到该命令的运行结果，如图 10-27 所示。根据得到的信息来判断目标计算机的操作系统类型。

Step06 在计算机区列表中选择某台计算机，单击 Nbtstat 按钮，可在"IPBook（超级网络邻居）"主窗口看到该主机的计算机名称，如图 10-28 所示。

图 10-27　命令的运行结果

图 10-28　计算机名称信息

图 10-29　共享资源

Step07 单击"共享"按钮，可对指定的网络段的主机进行扫描，并把扫描到的共享资源显示出来，如图 10-29 所示。

Step08 IPBook 工具还具有将域名转换为 IP 地址的功能。在"IPBook（超级网络邻居）"主窗口中单击"其他工具"按钮，在弹出的快捷菜单中选择"域名、IP 地址转换"→"IP->Name"选项，可将 IP 地址转换为域名，如图 10-30 所示。

Step09 单击"探测端口"按钮，可探测整个局域网中各个主机的端口，同时将探测的结果显示在下面的列表中，如图 10-31 所示。

图 10-30　IP 地址转换为域名

图 10-31　探测主机的端口

Step10 单击"大范围端口扫描"按钮，打开"扫描端口"对话框，选中"IP 地址起止范围"单选按钮后，将要扫描的 IP 地址范围设置为 192.168.000.001 ～ 192.168.000.254，最后将要扫描的端口设置为 80:21，如图 10-32 所示。

Step11 单击"开始"按钮，可对设定 IP 地址范围内的主机进行扫描，同时将扫描到的主机显示在下面的列表中，如图 10-33 所示。

图 10-32　"扫描端口"对话框

图 10-33　扫描主机信息

Step12 在使用 IPBook 工具过程中，还可以对该软件的属性进行设置。在"IPBook（超级网络邻居）"主窗口中选择"工具"→"选项"选项，打开"设置"对话框，在"扫描设置"选项卡下，在其中即可设置"Ping 设置"和"解析计算机名的方式"属性，如图 10-34 所示。

Step13 选择"共享设置"选项卡，在其中可设置最大扫描线程数、搜索共享时的顺带搜索项目等属性，如图 10-35 所示。

图 10-34　"扫描设置"选项卡

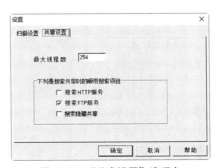

图 10-35　"共享设置"选项卡

10.2　局域网攻击方式

黑客可以利用专门的工具来攻击整个局域网，例如使局域网中两台计算机的 IP 地址发生冲突，从而导致其中的一台计算机无法上网。本节将介绍几款常见的局域攻击工具的使用方法。

10.2.1　使用网络特工

网络特工可以监视与主机相连 HUB 上所有机器收发的数据包，还可以监视所有局域网内的机器上网情况，以对非法用户进行管理，并使其登录指定的 IP 网址。使用网络特工的具体操作步骤如下：

Step01 下载并运行其中的"网络特工 .exe"程序，打开"网络特工"主窗口，如图 10-36 所示。

Step02 选择"工具"→"选项"选项，打开"选项"对话框，在其中可以设置"启动""全局热键"等属性，如图 10-37 所示。

图 10-36　"网络特工"主窗口　　　　　　图 10-37　"选项"对话框

Step03 在"网络特工"主窗口左边的列表中单击"数据监视"选项，打开"数据监视"窗口。在其中设置要监视的内容后，单击"开始监视"按钮，开始进行监视，如图 10-38 所示。

Step04 在"网络特工"主窗口左边的列表中右击"网络管理"选项，在弹出的快捷菜单中选择"添加新网段"选项，打开"添加新网段"对话框，如图 10-39 所示。

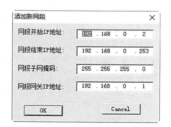

图 10-38　"数据监视"窗口　　　　　　图 10-39　"添加新网段"对话框

Step05 在设置网络的开始 IP 地址、结束 IP 地址、子网掩码、网关 IP 地址之后，单击"OK"按钮，可在"网络特工"主窗口左边的"网络管理"选项中看到新添加的网段，如图 10-40 所示。

Step06 双击该网段，可在右边打开的窗口中看到刚设置网段中所有的信息，如图 10-41 所示。

Step07 单击其中的"管理参数设置"按钮，打开"管理参数设置"对话框，在其中可对各个网络参数进行设置，如图 10-42 所示。

Step08 单击"网址映射列表"按钮，打开"网址映射列表"对话框，如图 10-43 所示。

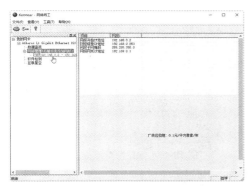

图 10-40　查看新添加的网段

图 10-41　网段中所有的信息

图 10-42　"管理参数设置"对话框

图 10-43　"网址映射列表"对话框

Step09 在"DNS 服务器 IP"文本区域中选中要解析的 DNS 服务器，单击"开始解析"按钮，可对选中的 DNS 服务器进行解析。待解析完毕后，可看到该域名对应的主机地址等属性，如图 10-44 所示。

Step10 在"网络特工"主窗口左边的列表中单击"互联星空"选项，打开"互联情况"窗口，在其中可进行扫描端口和 DHCP 服务操作，如图 10-45 所示。

图 10-44　解析 DNS 服务器

图 10-45　"互联情况"窗口

Step11 在右边的列表中选择"端口扫描"选项，单击"开始"按钮，打开"端口扫描参数设置"对话框，如图 10-46 所示。

Step12 在设置起始 IP 和结束 IP 之后，单击"常用端口"按钮，可将常用的端口显示在"端口列表"文本区域内，如图 10-47 所示。

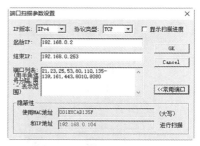

图 10-46 "端口扫描参数设置"对话框   图 10-47 端口列表信息

Step13 单击 OK 按钮，进行扫描端口操作，扫描结果会显示在下面的"日志"列表中，在其中可看到各个主机开启的端口，如图 10-48 所示。

Step14 在"互联星空"窗口右边的列表中选择"DHCP 服务扫描"选项后，单击"开始"按钮，进行 DHCP 服务扫描操作，如图 10-49 所示。

图 10-48 查看主机开启的端口   图 10-49 扫描 DHCP 服务

10.2.2 使用网络剪刀手

网络剪切手 NetCut 是一款网管必备工具，可以切断局域网里任何主机的网络使其断开网络连接。利用 ARP，NetCut 同时也可以看到局域网内所有主机的 IP 地址，具体的操作步骤如下：

Step01 下载并安装"网络剪切手"，然后双击其快捷图标，打开 NetCut 主窗口，软件会自动搜索当前网段内的所有主机的 IP 地址、计算机名以及各自对应的 MAC 地址，如图 10-50 所示。

Step02 单击"选择网卡"按钮，打开"选择网卡"对话框，在其中可以选择搜索计算机及发送数据包所使用的网卡，如图 10-51 所示。

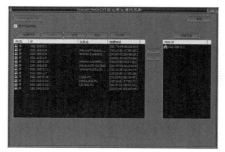

图 10-50 NetCut 主窗口   图 10-51 "选择网卡"对话框

Step03 在扫描出的主机列表中选中 IP 地址为 192.168.0.8 的主机后，单击"切断"按钮，可看到该主机的"开 / 关"状态已经变为"关"。此时该主机不能访问网关也不能打开网页，如图 10-52 所示。

Step04 再次选中 IP 地址为 192.168.0.8 的主机，单击"恢复"按钮，可看到该主机的"开 / 关"状态又重新变为"开"。此时该主机可以访问互联网了，如图 10-53 所示。

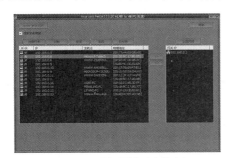

图 10-52　关闭局域网内的主机　　　　　　　图 10-53　恢复主机状态

Step05 如果局域网中主机过多，可以使用该工具提供的查找功能，快速地查看某个主机的信息。在"NetCut"主窗口中单击"查找"按钮，打开"查找"对话框，如图 10-54 所示。

Step06 在其中的文本框中输入要查找主机的某个信息，这里输入的是 IP 地址，然后单击"查找"按钮，可在 NetCut 主窗口中快速找到 IP 地址为 192.168.0.8 的主机信息，如图 10-55 所示。

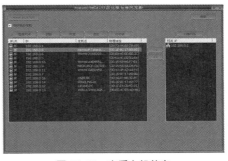

图 10-54　"查找"对话框　　　　　　　图 10-55　查看主机信息

Step07 在 NetCut 主窗口中单击"打印表"按钮，打开"地址表"对话框，在其中可看到所在局域网中所有主机的 MAC 地址、IP 地址、用户名等信息，如图 10-56 所示。

Step08 在网络剪刀手工具中还可以将某个主机的 IP 地址设置成网关 IP 地址。在"NetCut"主窗口中选择某台主机后，单击 <<< 按钮，将其将该 IP 地址添加到"网关 IP"列表中，如图 10-57 所示。

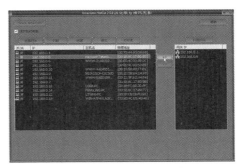

图 10-56　"地址表"对话框　　　　　　　图 10-57　"网关 IP"列表

10.3　使用局域网安全辅助软件

　　面对黑客针对局域网的种种攻击，局域网管理者可以使用局域网安全辅助工具来对整个局域网进行管理。本节将介绍几款最为经典的局域网辅助软件，以帮助大家维护局域网，从而保护局域网的安全。

微视频

10.3.1　长角牛网络监控机

　　长角牛网络监控机（网络执法官）需在一台机器上运行，可穿透防火墙，实时监控、记录整个局域网用户上线情况，可限制各用户上线时所用的 IP、时段，并可将非法用户踢下局域网。本软件适用范围为局域网内部，不能对网关或路由器外的机器进行监视或管理，适合局域网管理员使用。

1. 查看主机信息

　　利用该工具可以查看局域网中各个主机的信息，例如用户属性、在线纪录、记录查询等，其具体的操作步骤如下：

　　Step 01 在下载并安装"长角牛网络监控机"软件之后，选择"开始"→"所有应用"→ NetRobocop 选项，打开"设置监控范围"对话框，如图 10-58 所示。

　　Step 02 在设置完网卡、子网、扫描范围等属性之后，单击"添加 / 修改"按钮，可将设置的扫描范围添加到"监控如下子网及 IP 段"列表中，如图 10-59 所示。

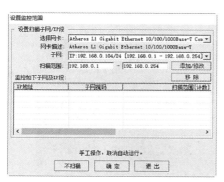

图 10-58　"设置监控范围"对话框

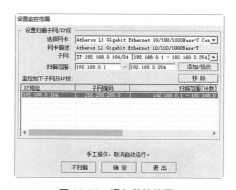

图 10-59　添加监控范围

　　Step 03 选中刚添加的 IP 段后，单击"确定"按钮，打开"长角牛网络监控机"主窗口，在其中可看到设置 IP 地址段内的主机的各种信息，例如网卡权限地址、IP 地址、上线时间等，如图 10-60 所示。

　　Step 04 在"长角牛网络监控机"窗口的计算机列表中双击需要查看的对象，打开"用户属性"对话框，如图 10-61 所示。

图 10-60　查看扫描信息

图 10-61　"用户属性"对话框

Step05 单击"历史记录"按钮，打开"在线记录"对话框，在其中可查看该计算机上线情况，如图 10-62 所示。

Step06 单击"导出记录"按钮，可将该计算机的上线记录保存为文本文件，如图 10-63 所示。

图 10-62　查看扫描信息

图 10-63　"用户属性"记录

Step07 在"长角牛网络监控机"窗口中单击"记录查询"按钮，打开"记录查询"窗口，如图 10-64 所示。

Step08 在"用户"下拉列表中选择要查询用户对应的网卡地址，在"在线时间"文本框中设置该用户的在线时间，然后单击"查找"按钮，可找到该主机在指定时间的记录，如图 10-65 所示。

图 10-64　"记录查询"窗口

图 10-65　显示指定时间的记录

Step09 在"长角牛网络监控机"窗口中单击"本机状态"按钮，打开"本机状态信息"窗口。在其中可看到本机计算机的网卡参数、IP 收发、TCP 收发、UDP 收发等信息，如图 10-66 所示。

Step10 在"长角牛网络监控机"窗口中单击"服务监测"按钮，打开"服务检测"窗口，在其中可进行添加、修改、删除以及服务器等操作，如图 10-67 所示。

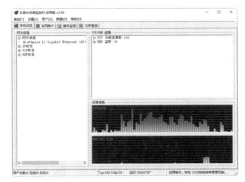

图 10-66　"本机状态信息"窗口

图 10-67　"服务检测"窗口

2. 设置局域网

除收集局域网内各个计算机的信息之外，"长角牛网络监控机"工具还可以对局域网中的各个计算机进行网络管理，可以在局域网内的任一台计算机上安装该软件，来实现对整个局域网内的计算机进行管理，其具体的操作步骤如下：

Step01 在"长角牛网络监控机"窗口中选择"设置"→"关键主机组"选项，打开"关键主机组设置"对话框，在"选择关键主机组"下拉框中选择相应的主机组，并在"组名称"文本框中输入相应的名称，再在"组内 IP"列表框中输入相应的 IP 组。最后单击"全部保存"按钮，可完成关键主机组的设置操作，如图 10-68 所示。

Step02 在"长角牛网络监控机"窗口中选择"设置"→"默认权限"选项，打开"用户权限设置"对话框，选中"受限用户，若违反以下权限将被管理"单选按钮之后，设置"IP 限制""时间限制"和"组 / 主机 / 用户名限制"等选项。这样当目标计算机与局域网连接时，"长角牛网络监控机"将按照设定的选项对该计算机进行管理，如图 10-69 所示。

图 10-68 "关键主机组设置"对话框

图 10-69 "用户权限设置"对话框

Step03 选择"设置"→"IP 保护"选项，打开"IP 保护"对话框。在其中设置要保护的 IP 段后，单击"添加"按钮，将该 IP 段添加到"已受保护的 IP 段"列表中，如图 10-70 所示。

Step04 选择"设置"→"敏感主机"选项，打开"设置敏感主机"对话框。在"敏感主机MAC"文本框中输入目标主机的 MAC 地址后单击 ≫ 按钮，将该主机设置为敏感主机，如图 10-71 所示。

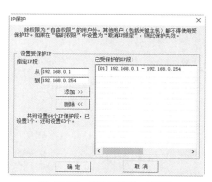

图 10-70 "IP 保护"对话框

图 10-71 "设置敏感主机"对话框

Step05 选择"设置"→"远程控制"选项，打开"远程控制"对话框，在其中勾选"接受远程命令"复选框，输入目标主机的 IP 地址和口令后，可对该主机进行远程控制，如图 10-72 所示。

Step06 选择"设置"→"主机保护"选项，打开"主机保护"对话框，在勾选"启用主机保护"复选框后，输入要保护主机的 IP 地址和网卡地址之后，单击"加入"按钮，将该主机添加到"受保护主机"列表中，如图 10-73 所示。

图 10-72　"远程控制"对话框

图 10-73　"主机保护"对话框

Step07 选择"用户"→"添加用户"选项，打开"New user（新用户）"对话框，在"MAC"文本框中输入新用户的 MAC 地址后，单击"保存"按钮即可实现添加新用户操作，如图 10-74 所示。

Step08 选择"用户"→"远程添加"选项，打开"远程获取用户"对话框，在其中输入远程计算机的 IP 地址、数据库名称、登录名称以及口令，单击"连接数据库"按钮，可从该远程主机中读取用户，如图 10-75 所示。

图 10-74　"New user"对话框

图 10-75　"远程获取用户"对话框

Step09 如果禁止局域网内某一台计算机的网络访问权限，可在"长角牛网络监控机"窗口内右击该计算机，在弹出的快捷菜单中选择"锁定/解锁"选项，打开"锁定/解锁"对话框，如图 10-76 所示。

Step10 在其中选择目标计算机与其他计算机（或关键主机组）的连接方式之后，单击"确定"按钮，可禁止该计算机访问相应的连接，如图 10-77 所示。

图 10-76　"锁定/解锁"对话框

图 10-77　"远程获取用户"窗口

Step 11 在"长角牛网络监控机"窗口内右击某台计算机，在弹出的快捷菜单中选择"手工管理"选项，打开"手工管理"对话框，在其中可手动设置对该计算机的管理方式，如图 10-78 所示。

Step 12 在"长角牛网络监控机"工具中还可以给指定的主机发送消息。在"长角牛网络监控机"窗口内右击某台计算机，在弹出的快捷菜单中选择"发送消息"选项，打开"Send message（发送消息）"对话框，在其中输入要发送的消息，单击"发送"按钮，可给该主机发送指定的消息，如图 10-79 所示。

图 10-78 "手工管理"对话框

图 10-79 Send message 对话框

10.3.2 大势至局域网安全卫士

微视频

大势至局域网安全卫士是一款专业的局域网安全防护系统，能够有效地防止外来计算机接入公司局域网、有效隔离局域网计算机，并且还有禁止计算机修改 IP 和 MAC 地址、检测局域网混杂模式网卡、防御局域网 ARP 攻击等功能。

使用大势至局域网安全卫士防护系统安全的操作步骤如下：

Step 01 下载并安装大势至局域网安全卫士，打开"大势至局域网安全卫士"工作界面，如图 10-80 所示。

Step 02 单击"开始监控"按钮，开始监控当前局域网中的计算机信息，对于局域网外的计算机将显示在"黑名单"窗格之中，如图 10-81 所示。

图 10-80 "大势至局域网安全卫士"工作界面

图 10-81 局域网中的计算机信息

Step03 如果确定某台计算机是局域网内的计算机，可以在"黑名单"窗格中选中该计算机信息，然后单击"移至白名单"按钮，将其移动到"白名单"窗格之中，如图 10-82 所示。

Step04 单击"自动隔离局域网无线路由器"右侧的"检测"按钮，可以检测当前局域网中存在的无线路由器设备信息，并在"网络安全事件"窗格中显示检测结果，如图 10-83 所示。

图 10-82　"白名单"窗格

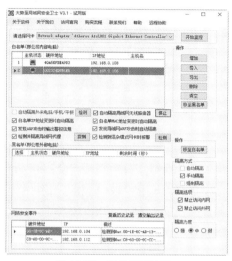

图 10-83　显示检测结果

Step05 单击"查看历史记录"按钮，打开"IPMAC- 记事本"窗口，在其中可查看检测结果，如图 10-84 所示。

10.4　实战演练

10.4.1　实战 1：设置局域网中宽带连接方式

当申请 ADSL 服务后，当地 ISP（互联网服务提供商）员工会主动上门安装 ADSL MODEM 并配置好上网设置，进而安装网络拨号程序，并设置上网客户端。ADSL 的拨号软件有很多，但使用最多的还是 Windows 系统自带的拨号程序，即宽带连接。设置局域网中宽带连接方式的操作步骤如下：

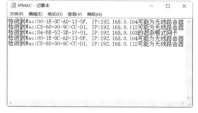

图 10-84　"IPMAC- 记事本"窗口

微视频

Step01 单击"开始"按钮，在打开的"开始"面板中选择"控制面板"选项，打开"控制面板"窗口，如图 10-85 所示。

Step02 单击"网络和 Internet"选项，打开"网络和 Internet"窗口，如图 10-86 所示。

图 10-85　"控制面板"窗口

图 10-86　"网络和 Internet"窗口

Step 03 选择"网络和共享中心"选项，打开"网络和共享中心"窗口，在其中用户可以查看本机系统的基本网络信息，如图 10-87 所示。

Step 04 在"更改网络设置"区域中单击"设置新的连接和网络"超级链接，打开"设置连接或网络"窗口，在其中选择"连接到 Internet"选项，如图 10-88 所示。

图 10-87 "网络和共享中心"窗口　　　　　　　　图 10-88 "设置连接或网络"窗口

Step 05 单击"下一步"按钮，打开"您想使用一个已有的连接吗？"窗口，在其中选中"否，创建新连接"单选按钮，如图 10-89 所示。

Step 06 单击"下一步"按钮，打开"您想如何连接"窗口，如图 10-90 所示。

图 10-89 创建新连接　　　　　　　　图 10-90 "您想如何连接"窗口

Step 07 单击"宽带（PPoE）（R）"按钮，打开"键入你的 Internet 服务提供商（ISP）提供的信息"窗口，在"用户名"文本框中输入服务提供商的名字，在"密码"文本框中输入密码，如图 10-91 所示。

Step 08 单击"连接"按钮，打开"连接到 Internet"窗口，提示用户正在连接到宽带连接，并显示正在验证用户名和密码等信息，如图 10-92 所示。

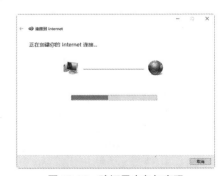

图 10-91 输入用户名与密码　　　　　　　　图 10-92 验证用户名与密码

Step09 等待验证用户名和密码完毕后，如果正确，则打开"登录"对话框。在"用户名"和"密码"文本框中输入服务商提供的用户名和密码，如图 10-93 所示。

Step10 单击"确定"按钮，成功连接，在"网络和共享中心"窗口中选择"更改适配器设置"选项，打开"网络连接"窗口，在其中可以看到"宽带连接"是已连接的状态，如图 10-94 所示。

图 10-93　输入密码

图 10-94　"网络连接"窗口

10.4.2　实战 2：清除 Microsoft Edge 中的浏览数据

浏览器在上网时会保存很多的上网记录，这些上网记录不但随着时间的增加越来越多，而且还有可能泄露用户的隐私信息。如果不想让别人看见自己的上网记录，则可以把上网记录删除，具体的操作步骤如下：

Step01 打开 Microsoft Edge 浏览器，单击浏览器右上角的"更多操作"按钮，在弹出的列表中选择"设置"选项，如图 10-95 所示。

Step02 打开"设置"窗格，单击"清除浏览数据"组下的"选择要清楚的内容"按钮，如图 10-96 所示。

Step03 打开"清除浏览数据"窗格，单击勾选要清除的浏览数据内容，单击"清除"按钮，如图 10-97 所示。

图 10-95　"安全设置"对话框

Step04 开始清除浏览数据。清除完成后，可看到历史纪录中所有的浏览记录都被清除，如图 10-98 所示。

图 10-96　"隐私"选项卡

图 10-97　"清除浏览数据"窗格

图 10-98　清除浏览数据

第**11**章

无线网络的组建与安全防护

无线网络，特别是无线局域网给人们的生活带来了极大的方便，为人们提供了无处不在的、高带宽的网络服务。但是，由于无线信道特有的性质，使得无线网络连接具有不稳定性，且容易受到黑客的攻击，从而大大影响了服务质量。本章介绍无线网络的组建以及安全性分析，主要内容包括组建无线网络、无线网络的安全分析等。

11.1　组建无线局域网络并实现上网

无线局域网络的搭建给家庭无线办公带来了很多方便，而且可随意改变家庭里的办公位置而不受束缚，大大适合了现代人的追求。

11.1.1　搭建无线局域网环境

建立无线局域网的操作比较简单，在有线网络到户后，用户只需连接一个具有无线 Wi-Fi 功能的路由器，然后各房间里的计算机、笔记本电脑、手机和 iPad 等设备利用无线网卡与路由器之间建立无线连接，就构建了整个内部无线局域网。

11.1.2　配置无线局域网

微视频

建立无线局域网的第一步就是配置无线路由器。默认情况下，路由器的无线功能需要用户手动开启并配置。在开启了路由器的无线功能后，就可以配置无线局域网了。使用计算机配置无线局域网的操作步骤如下：

Step01 打开浏览器，在地址栏中输入路由器的登录网址。一般情况下路由器的默认登录网址为"192.168.0.1"，输入完毕后单击"确认"按钮，打开路由器的登录窗口，如图 11-1 所示。

Step02 在"请输入管理员密码"文本框中输入管理员的密码，默认情况下管理员的密码一般为"admin"，如图 11-2 所示。

Step03 单击"确认"按钮，进入路由器的"运行状态"工作界面，在其中可以查看路由器的基本信息，如图 11-3 所示。

Step04 选择窗口左侧的"无线设置"选项，在打开的子选项中选择"基本信息"选项，在右侧的窗格中显示无线设置的基本功能，分别勾选"开启无线功能"和"开启 SSID 广播"复选框，如图 11-4 所示。

图 11-1　路由器登录窗口

图 11-2　输入管理员的密码

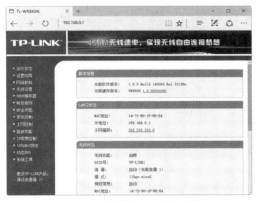

图 11-3　"运行状态"工作界面

图 11-4　无线设置的基本功能

Step05 当开启路由器的无线功能后，单击"保存"按钮进行保存，然后重新启动路由器即可完成无线网的设置。这时，具有 Wi-Fi 功能的手机、计算机、iPad 等电子设备就可以与路由器进行无线连接，从而实现共享上网。

11.1.3　将计算机接入无线局域网

笔记本电脑具有无线接入功能，台式计算机要想接入无线局域网，需要购买相应的无线接收器。这里以笔记本电脑为例，介绍如何将其接入无线局域网，具体的操作步骤如下：

Step01 右击笔记本电脑桌面右下角的无线连接图标，打开"网络和共享中心"窗口，在其中可以看到该计算机的网络连接状态，如图 11-5 所示。

Step02 单击笔记本电脑桌面右下角的无线连接图标，在打开的界面中显示了计算机自动搜索的无线设备和信号，如图 11-6 所示。

Step03 单击一个无线连接设备，展开无线连接功能，在其中勾选"自动连接"复选框，如图 11-7 所示。

 微视频

图 11-5　"网络和共享中心"窗口

Step04 单击"连接"按钮，在打开的界面中输入无线连接设备的密码，如图11-8所示。

图 11-6　无线设备信息

图 11-7　无线连接功能

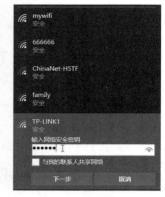

图 11-8　输入密码

Step05 单击"下一步"按钮，开始连接网络，如图11-9所示。

Step06 连接到网络之后，桌面右下角的无线连接设备会显示正常，并以多条弧线的方式显示信号的强弱，如图11-10所示。

Step07 再次打开"网络和共享中心"窗口，在其中可以看到这台计算机当前的连接状态，如图11-11所示。

图 11-9　开始连接网络　　　图 11-10　连接设备显示正常　　　图 11-11　当前的连接状态

11.1.4　将手机接入无线局域网

微视频

无线局域网配置完成后，用户可以将手机接入 Wi-Fi，从而实现无线上网。手机接入 Wi-Fi 的操作步骤如下：

Step01 在手机界面中点按"设置"图标，进入手机的"设置"界面，如图11-12所示。

Step02 点按 WLAN 右侧的"已关闭"，开启手机 WLAN 功能，并自动搜索周围可用的 WLAN，如图11-13所示。

Step03 点按下面可用的 WLAN，弹出连接界面，输入相关密码，如图11-14所示。

Step04 点按"连接"按钮，将手机接入 Wi-Fi，并在下方显示"已连接"字样。这样手机就接入了 Wi-Fi，就可以使用手机进行上网了，如图11-15所示。

图 11-12　"设置"界面

图 11-13　手机 WLAN 功能

图 11-14　输入密码

图 11-15　手机上网

11.2　无线网络的安全分析

使用 Wireshark（前称 Ethereal）可以对无线网络进行安全分析。Wireshark 是一个网络封包分析软件，主要作用功能捕获网络封包，并尽可能显示出最为详细的网络封包信息。网络管理员使用 Wireshark 可以检测当前网络问题。

打开 Wireshark 抓包工具，单击"应用程序"下拉菜单，从中选择"09- 嗅探 / 欺骗"选项，在弹出的菜单中可以看到 Wireshark 图标，如图 11-16 所示。

单击 Wireshark 图标打开 Wireshark 抓包软件，其工作界面如图 11-17 所示。

如果已经进行了抓包操作，当打开一个数据包后，其工作界面如图 11-18 所示。

图 11-16　"应用程序"下拉菜单

图 11-17　Wireshark 工作界面

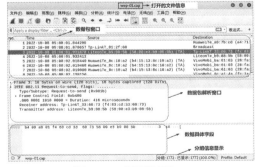

图 11-18　抓取数据包

11.2.1　快速配置 Wireshark

Wireshark 的特点是简单易用，通过简单的设置便可以开始抓包。在选择一个网卡后，单击"开始"按钮，便可以实现快速抓包。

微视频

1. 开始抓包

具体的操作步骤如下：

Step01 打开 Wireshark 抓包工具，在界面“捕获”功能选项中可以对捕获数据包进行快速配置。如果网卡中产生数据，会在网卡的右侧显示折线图，如图 11-19 所示。

Step02 双击选中的网卡，可以开始抓包，此时“开始”按钮变成灰色，“停止”按钮与“重置”按钮也可选。图 11-20 所示为 Wireshark 工具抓取的数据信息。

捕获
...使用这个过滤器:
Enter a capture filter ...
eth0
wlan0mon
any
Loopback: lo
wlan0
nflog

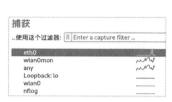

图 11-19　折线图信息

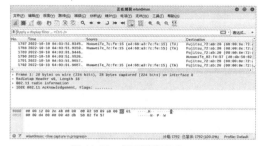

图 11-20　抓取数据信息

提示：抓包一旦开始，默认数据包显示列表会动态刷新最新捕获的数据。单击“停止”按钮可以停止对数据包的捕获，此时状态栏会显示当前捕获的数据包数量及大小。

2. 数据包显示列

默认情况下，Wireshark 会给出一个初始数据包显示列，如图 11-21 所示。

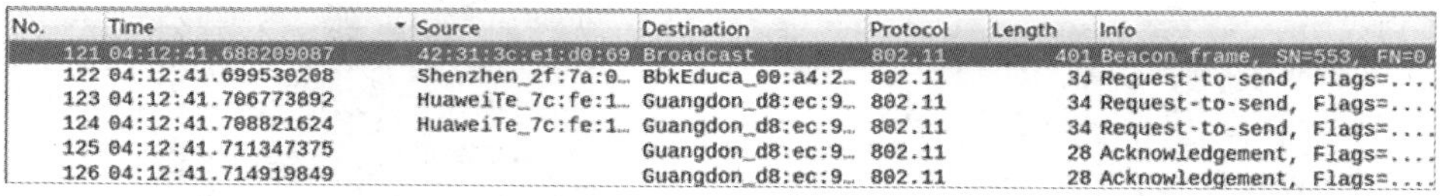

No.
Time
Source
Destination
Protocol
Length
Info
121 04:12:41.688209087 42:31:3c:e1:d0:69 Broadcast 802.11 401 Beacon frame, SN=553, FN=0,
122 04:12:41.699530208 Shenzhen_2f:7a:0… BbkEduca_00:a4:2… 802.11 34 Request-to-send, Flags=....
123 04:12:41.706773892 HuaweiTe_7c:fe:1… Guangdon_d8:ec:9… 802.11 34 Request-to-send, Flags=....
124 04:12:41.708821624 HuaweiTe_7c:fe:1… Guangdon_d8:ec:9… 802.11 34 Request-to-send, Flags=....
125 04:12:41.711347375 Guangdon_d8:ec:9… 802.11 28 Acknowledgement, Flags=....
126 04:12:41.714919849 Guangdon_d8:ec:9… 802.11 28 Acknowledgement, Flags=....

图 11-21　数据包显示列

主要内容介绍如下：

（1）No，即编号。根据抓取的数据包自动分配。

（2）Time，即时间。根据捕获时间设定该列。

（3）Source，即源地址信息。数据包的 IP、MAC 等信息会显示在这列当中。

（4）Destination，即目的地址信息。同源地址类似。

（5）Protocol，即协议信息。捕获的数据包会根据不同的协议进行标注，这列显示具体协议类型。

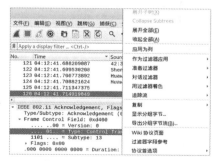

（6）Length，即长度信息。标注出该数据包的长度信息。

（7）Inof，即信息。Wireshark 对数据包的一个解读。

3. 修改显示列

默认的显示列可以修改，在实际数据分析当中，根据需要可以修改显示列的项目，具体的操作步骤如下：

Step01 选中需要加入显示列的子项，右击，在弹出的快捷菜单中选择“应用为列”选项，如图 11-22 所示。

图 11-22　“应用为列”选项

Step02 此时显示列中会加入新列，针对特殊协议分析会非常有帮助，如图 11-23 所示。

Step03 用户还可以删除、隐藏当前列。在显示列标题中右击，在弹出的菜单中可以通过选择相应的选项，来删除或隐藏列，如图 11-24 所示。

图 11-23　加入新列　　　　　　　　　　　　　图 11-24　删除或隐藏列菜单

Step04 用户可以对当前列信息进行修改。在显示列标题中右击，在弹出的快捷菜单中选择"编辑列"选项，进入列信息编辑模式，这时可以对当前列信息进行修改，如图 11-25 所示。

图 11-25　"编辑列"选项

4. 修改显示时间

默认情况下，Wireshark 给出的时间信息不方便阅读。为此，Wireshark 提供了多种时间显示方式，用户可以根据个人喜好进行选择，具体的操作步骤如下：

Step01 单击"视图"菜单，在弹出的菜单列表中选择"时间显示格式"选项，如图 11-26 所示。

Step02 这时就可以将默认时间信息以时间格式显示出来，修改后的时间如图 11-27 所示，这样更加符合阅读习惯。

图 11-26　"视图"菜单　　　　　　　　　　图 11-27　时间显示格式

5. 名字解析

默认情况下，Wireshark 只开启了 MAC 地址解析。针对不同厂商的 MAC 头部信息进行解析，可以方便阅读。如果在实际中有需要，可以开启解析网络名称、解析传输层名称。

具体的操作步骤如下：

Step01 单击"捕获"菜单，在弹出的菜单列表中选择"选项"选项，如图 11-28 所示。

Step02 在打开的设置界面中选择"选项"选项卡，从这里勾选相应的选项解析名称即可，如图 11-29 所示。

Step03 用户还可以手动修改对地址的解析，选中需要解析的地址段右击，在弹出的快捷菜单中选择"编辑解析的名称"选项，如图 11-30 所示。

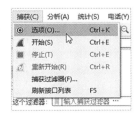

图 11-28　"选项"选项　　　　図 11-29　"选项"选项卡　　　　图 11-30　"编辑解析的名称"选项

Step 04 Wireshark 会给出地址解析库存放的位置。单击"统计"菜单项，在弹出的菜单列表中选择"已解析的地址"选项，如图 11-31 所示。

Step 05 打开如图 11-32 所示的对话框，里面存放了已经解析的地址信息。通过对名称的解析，用户对于数据包的来源去处会更加清晰明了。名称解析是一个非常好的功能。

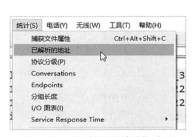

图 11-31 "已解析的地址"选项　　　　　　　　　图 11-32 解析地址信息

注意：如果开启名称解析可能会对性能带来损耗，同时地址解析不能保证全部正确，数据流比较大建议不开启名称解析，可以在对抓取的数据包处理时再进行处理。

11.2.2 首选项的设置

图 11-33 "首选项"选项

大多数软件都会提供一个首选项设置，该设置主要用于配制软件的整体风格，Wireshark 也提供了首选项设置，进行首选项设置的操作步骤如下：

Step 01 选择"编辑"菜单项，在弹出的菜单列表中选择"首选项"选项，如图 11-33 所示。

Step 02 打开"首选项"对话框，在默认打开的界面中，用户可以进行相关选项的设置，如图 11-34 所示。

Step 03 在"首选项"对话框中，选择 Columns 项，然后单击左下方的"+"按钮可以添加一个列，单击"-"按钮可以删除一个列，如图 11-35 所示。

Step 04 选择 Font and Colors 选项，在打开界面中可以设置软件字体大小以及颜色，如图 11-36 所示。

图 11-34 "首选项"对话框　　　　　　　　　图 11-35 增加或删除列

Step05 选择 Layout 项，在打开的界面中可以设置软件显示布局。该项还是比较重要的，默认情况下，软件选择的是分 3 横行显示，根据个人喜好可以选择不同的布局方式进行显示，如图 11-37 所示。

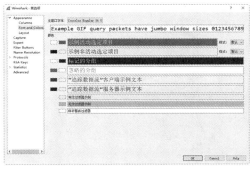

图 11-36　设置字体大小与颜色

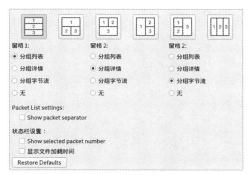

图 11-37　设置布局方式

11.2.3　捕获选项的设置

微视频

捕获选项主要针对抓取数据包使用的网卡、抓包前的过滤、抓包大小、抓包时长等进行设置，这个功能在抓包软件中也属于非常重要的一个设置。

进行捕获选项设置的操作步骤如下：

Step01 选择"捕获"菜单项，在弹出的菜单列表中选择"选项"选项，如图 11-28 所示。

Step02 打开"捕获接口"对话框，默认选中"输入"选项卡，其中混杂模式为选中状态。该项需要选中否则可能抓取不到数据包，列表中列出了网卡相关信息，选择相应的网卡可以抓取数据包，如图 11-38 所示。

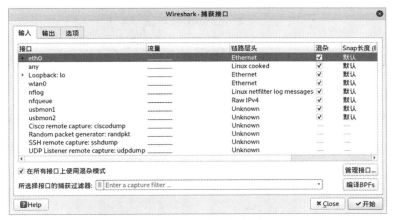

图 11-38　"捕获接口"对话框

Step03 在"捕获接口"对话框中，选择"输出"选项卡，在其中可以设置文件保存的路径、输出格式、是否自动创建新文件等，如图 11-39 所示。

Step04 在"捕获接口"对话框中，选择"选项"选项卡，在其中可以设置显示选项、解析名称、自动停止捕获等参数，如图 11-40 所示。

提示：这里的自动停止捕获规则，相当于一个定时器的作用。当符合条件后停止抓包，可以同多文件保存功能配合使用。例如，设置每 1MB 保存一个数据包，符合 10 个文件后停止抓包。

图 11-39 "输出"选项卡

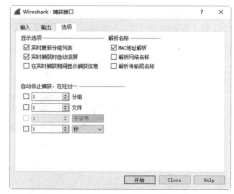

图 11-40 "选项"选项卡

11.2.4 分析捕获的数据包

微视频

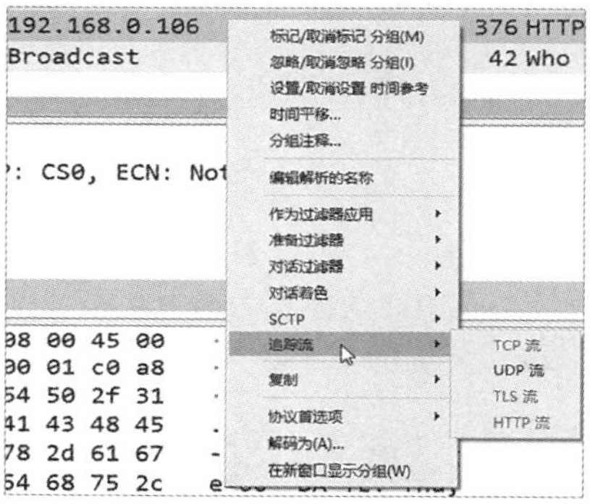

图 11-41 第 1 种方式

分析数据包主要包括数据追踪与专家信息两方面内容，它们都属于"分析"菜单下的功能。

1. 数据追踪

正常通信中如 TCP、UDP、SSL 等数据包都是以分片的形式发送的，如果在整个数据包中分片查看数据包不便于分析，使用数据流追踪可以将 TCP、UDP、SSL 等数据流进行重组以一个完整的形式呈现出来。打开流追踪有两种方式。

第 1 种方式：在数据流显示列表中，选择需要追踪的数据流，右击，在弹出的快捷菜单中选择"追踪流"选项，如图 11-41 所示。

第 2 种方式：选择"分析"菜单项，在弹出的菜单列表中选择"追踪流"选项，如图 11-42 所示。

以上两种方式都可以打开"追踪流"界面，如图 11-43 所示。从这里可以清晰地看到这个协议通信的完整过程，其中红色部分为发送请求，蓝色部分为服务器返回结果。

图 11-42 第 2 种方式

图 11-43 "追踪流"界面

2. 专家信息

专家信息可以对数据包中特定状态进行警告说明，其中包括错误信息（Error）、警告信息（Warning）、注意信息（Note）以及对话信息（Chat）。查看专家信息的操作步骤如下：

Step01 选择"分析"菜单项，在弹出的菜单列表中选择"专家信息"选项，如图 11-44 所示。

Step02 打开"专家信息"窗口，如图 11-45 所示，其中错误信息会以红色进行标注，警告信息以黄色进行标注，注意信息以浅蓝色进行标注，正常通信以深蓝色进行标注，每一种类型会单独列出一行进行显示，通过专家信息可以更直观地查看数据通信中存在哪些问题。

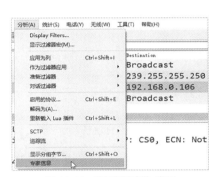

图 11-44　"专家信息"选项

图 11-45　"专家信息"窗口

11.2.5　统计捕获的数据包

通过对数据包的统计分析，可以查看更为详细的数据信息，进而分析网络中是否存在安全问题。查看数据包统计信息的操作步骤如下：

微视频

Step01 选择"统计"菜单项，在弹出的菜单列表中选择"捕获文件属性"选项，打开"捕获文件属性"窗口，在其中可以查看文件、时间、捕获、接口等信息，如图 11-46 所示。

Step02 选择"统计"菜单项，在弹出的菜单列表中选择"协议分级"选项，打开"协议分级统计"窗口，从这里可以统计出每一种协议在整个数据包中占有率，如图 11-47 所示。

Step03 选择"统计"菜单项，在弹出的菜单列表中选择"对话"选项，打开如图 11-48 所示的窗口，其中包括以太网、IPv4、IPv6、TCP、UDP 等不同协议会话信息展示。

图 11-46　"捕获文件属性"窗口

Step04 选择"统计"菜单项，在弹出的菜单列表中选择"端点"选项，打开如图 11-49 所示的端点窗口，其中包含以太网和各种协议选项。

Step05 选择"统计"菜单项，在弹出的菜单列表中选择"分组长度"选项，打开如图 11-50 所示的分组长度窗口，这里可以对不同大小数据包进行统计。

Step06 选择"统计"菜单项，在弹出的菜单列表中选择"I/O 图表"选项，打开如图 11-51 所示的 I/O 图表窗口，其中包括一个坐标轴显示的图表，下方可以添加任意的协议，也可以选择协议显示的颜色，还可以调整坐标轴的刻度。

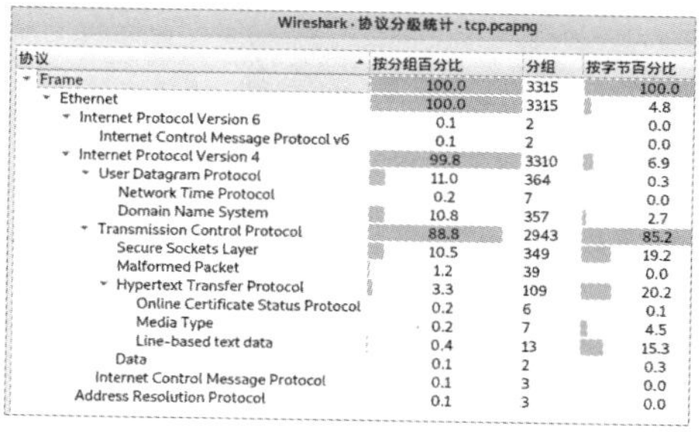

图 11-47 "协议分级统计"窗口

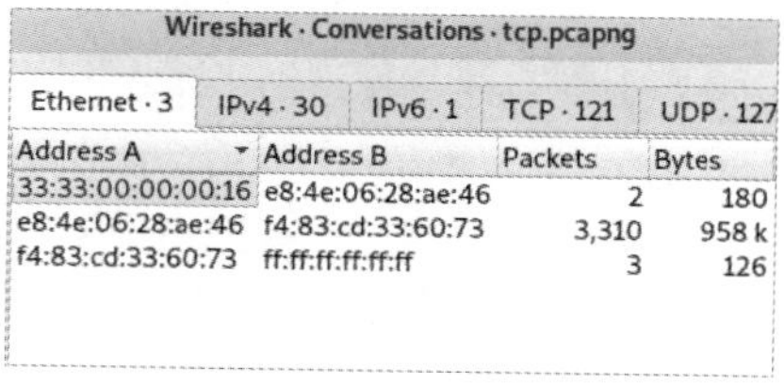

图 11-48 协议会话信息

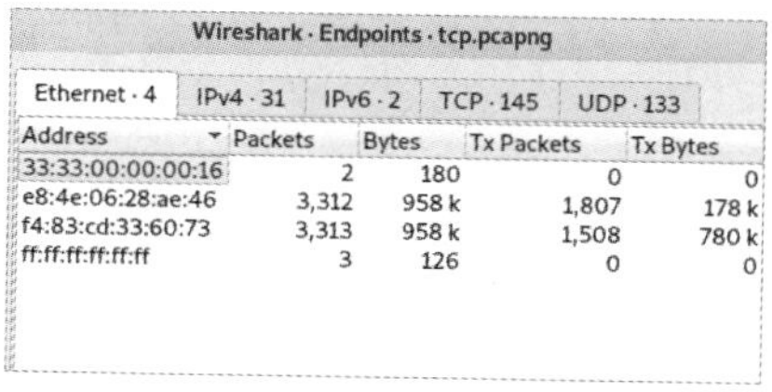

图 11-49 以太网和各种协议信息

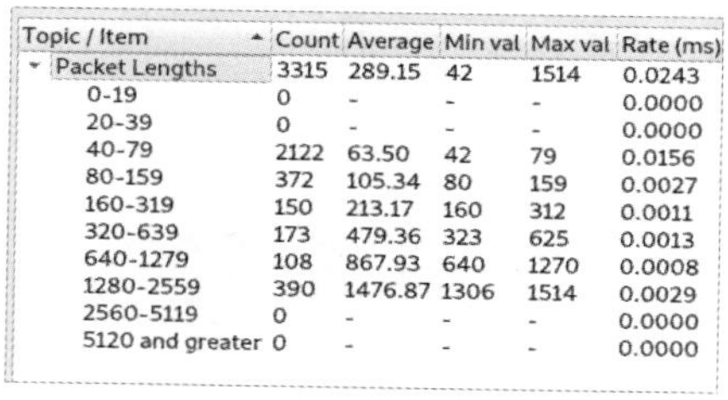

图 11-50 数据包统计信息

Step07 选择"统计"菜单项，在弹出的菜单列表中选择"流量图"选项，打开如图 11-52 所示的流量图窗口，其中包括通信时间，通信地址、端口以及通信过程中的协议功能。

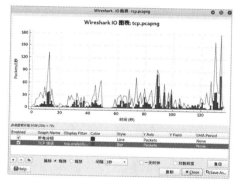

图 11-51 I/O 图表信息

图 11-52 流量图信息

Step08 选择"统计"菜单项，在弹出的菜单列表中选择"TCP 流图"选项，打开如图 11-53 所示的 TCP 流图形对话框，在其中可以根据实际需要设置相应的显示，还可以切换数据包的方向。

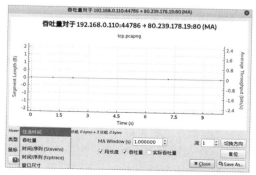

图 11-53 TCP 流图信息

11.3　无线路由器的安全管理

使用无线路由管理工具可以方便管理无线网络中的上网设备。本节介绍两个无线路由安全管理工具，包括 360 路由器卫士与路由优化大师。

11.3.1　360 路由器卫士

《360 路由器卫士》是一款由 360 官方推出的绿色且免费的家庭必备无线网络管理工具。《360路由器卫士》软件功能强大，支持几乎所有的路由器。在管理的过程中，一旦发现蹭网设备想踢就踢。下面介绍使用《360 路由器卫士》管理网络的操作方法：

Step01 下载并安装《360 路由器卫士》，双击桌面上的快捷图标，打开"路由器卫士"工作界面，提示用户正在连接路由器，如图 11-54 所示。

Step02 连接成功后，在弹出的对话框中输入路由器的账号与密码，如图 11-55 所示。

图 11-54　"路由器卫士"工作界面

图 11-55　输入路由器账号与密码

Step03 单击"下一步"按钮，进入"我的路由"工作界面，在其中可以看到当前的在线设备，如图 11-56 所示。

Step04 如果想要对某个设备限速，可以单击设备后的"限速"按钮，打开"限速"对话框，在其中设置设备的上传速度与下载速度，设置完毕后单击"确认"按钮即可保存设置，如图 11-57 所示。

图 11-56　"我的路由"工作界面

图 11-57　"限速"对话框

Step05 在管理的过程中，一旦发现有蹭网设备，可以单击该设备后的"禁止上网"按钮，如图 11-58 所示。

Step06 禁止上网完后，单击"黑名单"选项卡，进入"黑名单"设置界面，在其中可以看到被禁止的上网设备，如图 11-59 所示。

Step07 选择"路由防黑"选项卡，进入"路由防黑"设置界面，在其中可以对路由器进行防黑检测，如图 11-60 所示。

Step08 单击"立即检测"按钮，开始对路由器进行检测，并给出检测结果，如图 11-61 所示。

图 11-58　禁止不明设置上网

图 11-59　"黑名单"设置界面

图 11-60　"路由防黑"设置界面

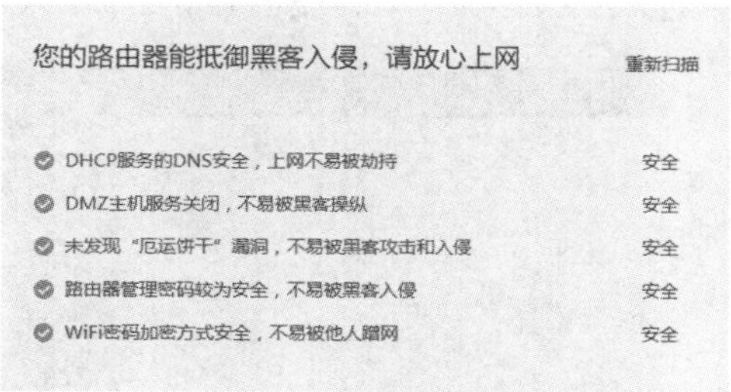

图 11-61　检测结果

图 11-62　"路由跑分"设置界面

Step09 选择"路由跑分"选项卡，进入"路由跑分"设置界面，在其中可以查看当前路由器信息，如图 11-62 所示。

Step10 单击"开始跑分"按钮，开始评估当前路由器的性能，如图 11-63 所示。

Step11 评估完成后，会在"路由跑分"界面中给出跑分排行榜信息，如图 11-64 所示。

Step12 选择"路由设置"选项卡，进入"路由设置"设置界面，在其中可以对宽带上网、Wi-Fi 密码、路由器密码等选项进行设置，如图 11-65 所示。

Step13 选择"路由时光机"选项，在打开的界面中单击"立即开启"按钮，打开"时光机开启"设置界面，在其中输入 360 账号与密码，然后单击"立即登录并开启"按钮，开启时光机，如图 11-66 所示。

图 11-63　评估当前路由器的性能

图 11-64　跑分排行榜信息

图 11-65　"路由设置"界面

图 11-66　时光机开启设置界面

Step14 选择"宽带上网"选项，进入"宽带上网"界面，在其中输入网络运营商给出的上网账号与密码，单击"保存设置"按钮，保存设置，如图 11-67 所示。

Step15 选择"Wi-Fi 密码"选项，进入"Wi-Fi 密码"界面，在其中输入 Wi-Fi 密码，单击"保存设置"按钮，保存设置，如图 11-68 所示。

图 11-67　"宽带上网"界面

图 11-68　"Wi-Fi 密码"界面

Step16 选择"路由器密码"选项，进入"路由器密码"界面，在其中输入路由器密码，单击"保存设置"按钮，保存设置，如图 11-69 所示。

Step17 选择"重启路由器"选项，进入"重启路由器"界面，单击"重启"按钮，对当前路由器进行重启操作，如图 11-70 所示。

图 11-69　"路由器密码"界面

图 11-70　"重启路由器"界面

另外，使用《360 路由器卫士》在管理无线网络安全的过程中，一旦检测到有设备通过路由器上网，就会在计算机桌面的右上角弹出信息提示框，如图 11-71 所示。单击"管理"按钮，可打开该设备的详细信息界面，在其中可以对网速进行限制管理，最后单击"确认"按钮即可，如图 11-72 所示。

图 11-71　信息提示框

图 11-72　详细信息界面

11.3.2　路由优化大师

微视频

《路由优化大师》是一款专业的路由器设置软件，其主要功能有一键设置优化路由、屏广告、防蹭网、路由器全面检测及高级设置等，从而保护路由器安全。

图 11-73　"路由优化大师"工作界面

使用《路由优化大师》管理无线网络安全的操作步骤如下：

Step01 下载并安装《路由优化大师》，双击桌面上的快捷图标，打开"路由优化大师"的工作界面，如图 11-73 所示。

Step02 单击"登录"按钮，打开 RMTools 窗口，在其中输入管理员密码，如图 11-74 所示。

Step03 单击"确定"按钮，进入路由器工作界面，在其中可以看到主人网络和访客网络信息，如图 11-75 所示。

Step04 单击"设备管理"图标，进入"设备管理"工作界面，在其中可以看到当前无线网络中的连接设备，如图 11-76 所示。

Step05 如果想要对某个设备进行管理，可以单击"管理"按钮，进入该设备的管理界面，在其中可以设置设备的上传速度、下载速度以及上网时间等信息，如图 11-77 所示。

图 11-74　输入管理员密码

图 11-75　路由器工作界面

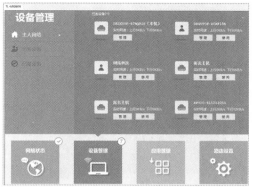

图 11-76　"设备管理"界面

图 11-77　设备管理界面

Step 06 单击"添加允许上网时间段"超链接，可打开上网时间段的设置界面，在其中可以设置时间段描述信息、开始时间、结束时间等，如图 11-78 所示。

Step 07 单击"确定"按钮，完成上网时间段的设置操作，如图 11-79 所示。

图 11-78　上网时间段的设置界面

图 11-79　上网时间段的设置

Step 08 单击"应用管理"图标，可进入应用管理工作界面，在其中可以看到《路由优化大师》为用户提供的应用程序，如图 11-80 所示。

Step 09 如果想要使用某个应用程序，可以单击某应用程序下的"进入"按钮，进入该应用程序的设置界面，如图 11-81 所示。

图 11-80　应用管理工作界面

图 11-81　应用程序设置界面

Step 10 单击"路由设置"图标，在打开的界面中可以查看当前路由器的设置信息，如图 11-82 所示。

Step 11 选择左侧的"上网设置"选项，在打开的界面中可以对当前的上网信息进行设置，如图 11-83 所示。

图 11-82　路由器的设置信息

图 11-83　上网设置界面

Step12 选择"无线设置"选项，在打开的界面中可以对路由的无线功能进行开关、名称、密码等信息进行设置，如图 11-84 所示。

Step13 选择"LAN 口设置"选项，在打开的界面中可以对路由的 LAN 口进行设置，如图 11-85 所示。

图 11-84　"无线设置"界面

图 11-85　"LAN 口设置"界面

Step14 选择"DHCP 服务器"选项，在打开的界面中可以对路由的 DHCP 服务器进行设置，如图 11-86 所示。

Step15 选择"在线升级"选项，在打开的界面中可以对《路由优化大师》的版本进行升级操作，如图 11-87 所示。

图 11-86　"DHCP 服务器"界面

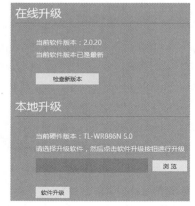

图 11-87　"在线升级"设置界面

Step16 选择"修改管理员密码"选项，在打开的界面中可以对管理员密码进行修改设置，如图 11-88 所示。

Step 17 选择"备份和载入配置"选项，在打开的界面中可以对当前路由器的配置进行备份和载入设置，如图 11-89 所示。

图 11-88 修改管理员密码

图 11-89 备份和载入配置界面

Step 18 选择"重启和恢复出厂"选项，在打开的界面中可以对当前路由器进行重启和恢复出厂设置，如图 11-90 所示。

Step 19 选择"系统日志"选项，在打开的界面中可以查看当前路由器的系统日志信息，如图 11-91 所示。

图 11-90 重启和恢复出厂设置

图 11-91 "系统日志"界面

Step 20 路由器设备设置完毕后，返回《路由优化大师》的工作界面，选择"防蹭网"选项，在打开的界面中可以设置进行防蹭网设置，如图 11-92 所示。

Step 21 选择"屏广告"选项，在打开的界面中可以设置过滤广告是否开启，如图 11-93 所示。

图 11-92 防蹭网设置界面

图 11-93 屏广告界面

Step22 单击"开启广告过滤"按钮，可开启视频过滤广告功能，如图 11-94 所示。

Step23 单击"立即清理"按钮，可清理广告信息，如图 11-95 所示。

图 11-94　开启广告过滤功能

图 11-95　清理广告信息

Step24 选择"测网速"选项，进入网速测试设置界面，如图 11-96 所示。

Step25 单击"开启测速"按钮，可对当前网络进行测速操作，测出来的结果显示在工作界面中，如图 11-97 所示。

图 11-96　测网速

图 11-97　检测当前网络速度

11.4　实战演练

11.4.1　实战 1：筛选出无线网络中的握手信息

筛选无线网络中握手信息可以通过以下几个步骤：

Step01 将网卡置入 monitor 模式，使用"iw dev wlan0 interface add wlan0mon type monitor"命令将网卡置入 monitor 模式，如图 11-98 所示。

Step02 使用 ifconfig wlan0mon up 命令，将新创建的无线网卡启动，如图 11-99 所示。

图 11-98　网卡置入 monitor 模式

图 11-99　启动无线网卡

Step03 启动 Wireshark 抓包工具，选择 wlan0mon 无线网卡，如图 11-100 所示。

Step04 在抓取到的数据包中筛选并标记出握手信息数据包，如图 11-101 所示。

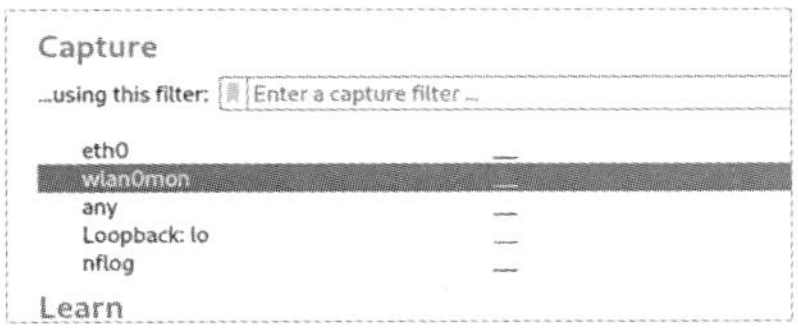

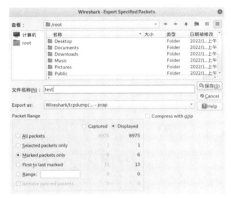

图 11-100　选择 wlan0mon 无线网卡 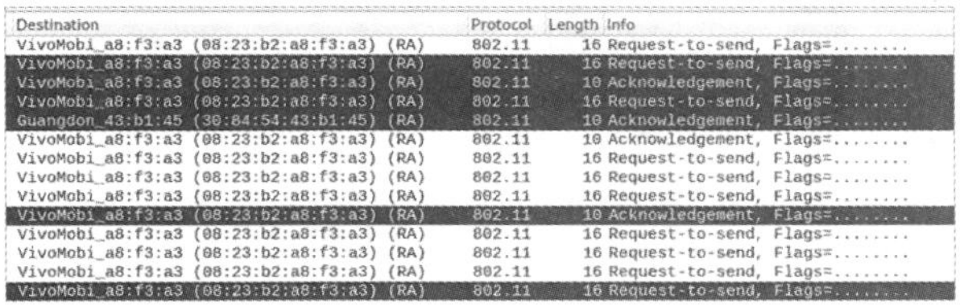　　　　图 11-101　标记出握手信息数据包

Step05 选择"文件"菜单，在弹出的菜单列表中选择"导出特定分组"选项，导出标记后的握手信息数据包，如图 11-102 所示。

图 11-102　导出握手信息数据包

11.4.2　实战 2：快速定位身份验证信息数据包

通过 Wireshark 抓取到整个握手过程数据包后，如何精确定位到身份验证数据包呢？用户可以通过以下步骤来快速定位：

Step01 通过 Wireshark 打开抓取到的握手信息数据包，如图 11-103 所示。

Step02 在筛选条件文本框中输入 eapol 筛选条件，如图 11-104 所示。

图 103　握手信息数据包 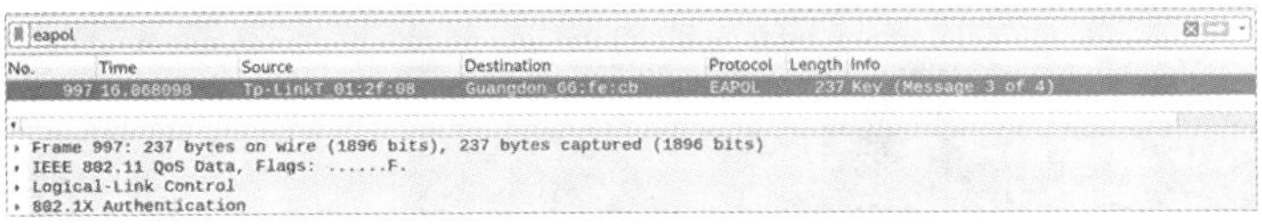　　　　　　　图 11-104　输入 eapol 筛选条件

Step03 单击右侧的 ➡ 按钮，展开身份验证信息，如图 11-105 所示。

图 11-105　展开身份验证信息

第12章

进程与注册表的安全防护

每个使用计算机的用户，都希望自己的计算机系统能够时刻保持在较佳的状态中稳定、安全地运行。然而，在实际的工作和生活中，总是避免不了出现许多问题。本章介绍系统进程与注册表的安全防护。

12.1　系统进程的安全防护

在使用计算机的过程中，用户可以利用专门的系统进程管理工具对计算机中的进程进行检测，以发现黑客的踪迹，及时采取相应的措施。

12.1.1　使用任务管理器管理进程

进程是程序的一次执行过程，并且包括这个运行的程序中占据的所有系统资源。如果自己的计算机突然运行速度慢了下来，就需要到"任务管理器"窗口当中查看一下是否有木马病毒程序正在后台运行，具体的操作步骤如下：

Step01 按 Ctrl+Alt+Del 组合键，打开"任务管理器"界面，如图 12-1 所示。

Step02 单击"任务管理器"选项，打开"任务管理器"窗口，选择"进程"选项卡，可看到本机中开启的所有进程，如图 12-2 所示。

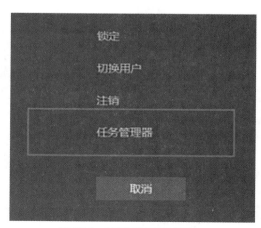

图 12-1　"任务管理器"界面　　　　　　　　图 12-2　"进程"选项卡

Step03 在进程列表中选择需要查看的进程，右击，在弹出的快捷菜单中选择"属性"选项，如图 12-3 所示。

Step04 打开"browser_broker.exe 属性"对话框，在此可以看到进程的文件类型、描述、位置、大小、占用空间等属性，如图 12-4 所示。

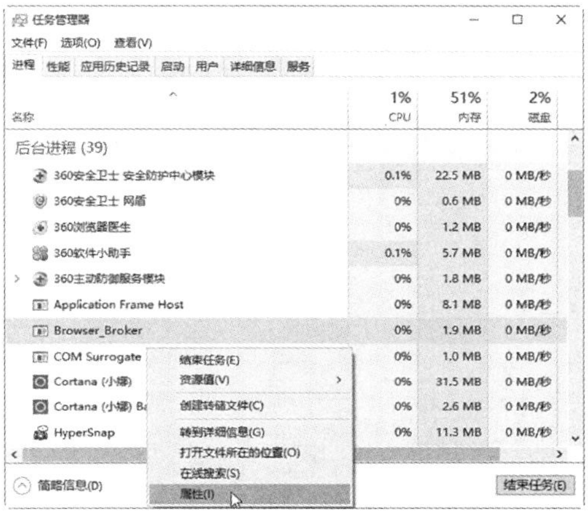

图 12-3　"属性"选项

图 12-4　"browser_broker.exe 属性"对话框

Step05 单击"高级"按钮，打开"高级属性"对话框，在此可以设置文件属性和压缩或加密属性，单击"确定"按钮，保存设置，如图 12-5 所示。

Step06 选择"数字签名"选项卡，可以看到签名人的相关信息，如图 12-6 所示。

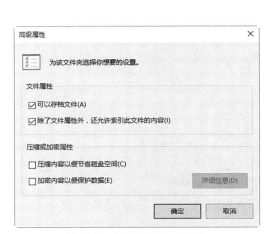

图 12-5　"高级属性"对话框

图 12-6　"数字签名"选项卡

Step 07 选择"安全"选项卡，可以看到不同的用户对进程的权限，单击"编辑"按钮，可以更改相关权限，如图 12-7 所示。

Step 08 选择"详细信息"选项卡，可以查看进程的文件说明、类型、产品版本、大小等信息，如图 12-8 所示。

图 12-7 "安全"选项卡	图 12-8 "详细信息"选项卡

Step 09 选择"以前的版本"选项卡，可以恢复到以前的状态，查看完成后，单击"确定"按钮即可，如图 12-9 所示。

Step 10 在进程列表中查找多余的进程，右击，在弹出的快捷菜单中选择"结束进程"选项即可结束选中的进程，如图 12-10 所示。

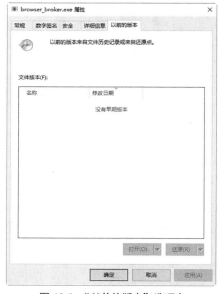
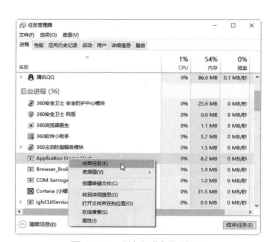

图 12-9 "以前的版本"选项卡　　　　　　图 12-10 "结束进程"选项

12.1.2　使用 Process Explorer 管理进程

Process Explorer 是一款增强型的进程管理器，用户可以使用它管理计算机中的程序进程，能强行关闭任何程序，包括系统级别的不允许随便终止的"顽固"进程。除此之外，它还详尽地显示计算机信息，如 CPU、内存使用情况等。使用 Process Explorer 管理系统进程的操作步骤如下：

Step01 双击下载的 Process Explorer 进程管理器，打开其工作界面，在其中可以查看当前系统中的进程信息，如图 12-11 所示。

Step02 选中需要结束的危险进程，选择"进程"→"结束进程"选项，如图 12-12 所示。

图 12-11　查看进程信息　　　　　　　　图 12-12　"结束进程"选项

Step03 弹出信息提示框，提示用户是否确定要终止选中的进程，单击"确定"按钮，结束选中的进程，如图 12-13 所示。

Step04 在 Process Explorer 进程管理器工作界面中，选择"进程"→"设置优先级"选项，在弹出的子菜单中选择为选中的进程设置优先级，如图 12-14 所示。

 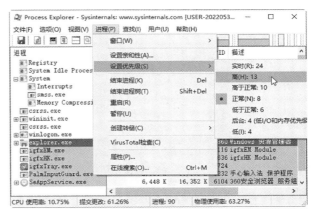

图 12-13　是否终止进程信息提示框　　　　　图 12-14　"设置优先级"选项

Step05 利用进程管理器 Process Explorer 还可以结束进程树。在结束进程树之前，需要先在"进程"列表中选择要结束的进程树，右击，在弹出的快捷菜单中选择"结束进程树"选项，如图 12-15 所示。

Step06 打开是否要结束进程树信息提示框，单击"确定"按钮结束选定的进程树，如图 12-16 所示。

Step07 在进程管理器 Process Explorer 中还可以设置进程的处理器关系。右击需要设置的进程，在弹出的快捷菜单中选择"设置亲和性"选项，打开"处理器亲和性"对话框。在其中勾选相应的复选框后，单击"确定"按钮即可设置哪个 CPU 执行该进程，如图 12-17 所示。

图 12-15 "结束进程树"选项

图 12-16 是否要结束进程树信息提示框

Step 08 在进程管理器 Process Explorer 中还可以查看进程的相应属性。右击需要查看属性的进程，在弹出的快捷菜单中选择"属性"选项，打开"smss.exe:412 属性"窗口，如图 12-18 所示。

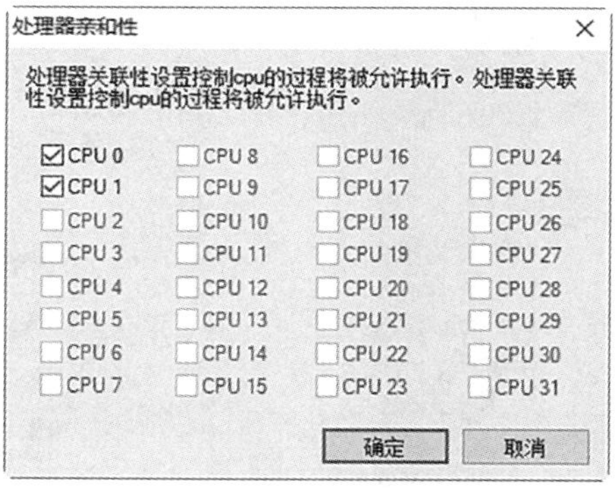

图 12-17 "处理器亲和性"对话框

图 12-18 "smss.exe:412 属性"窗口

Step 09 在进程管理器 Process Explorer 中还可以找到相应的进程。在 Process Explorer 主窗口中选择"查找"→"查找进程或句柄"选项，打开"Process Explorer 搜索"对话框，在其中文本框中输入 dll，如图 12-19 所示。

Step 10 单击"搜索"按钮，可列出本地计算机中所有 DLL 类型的进程，如图 12-20 所示。

Step 11 在进程管理器 Process Explorer 中可以查看句柄属性。在 Process Explorer 主窗口的工具栏中单击"显示下排窗口"按钮，然后在"进程"列表中单击某个进程，在下面的窗格中会显示该进程包含的句柄，如图 12-21 所示。

图 12-19　"Process Explorer 搜索"对话框

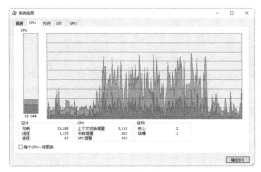

图 12-20　显示 dll 类型的进程

Step12 在 Process Explorer 进程管理器工作界面中，单击工具栏中的 CPU 方块，打开"系统信息"对话框，在 CPU 选项卡下可以查看当前 CPU 的使用情况，如图 12-22 所示。

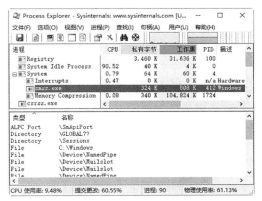

图 12-21　显示进程包含的句柄信息

图 12-22　"系统信息"对话框

Step13 选择"内存"选项卡，在其中可以查看当前系统的系统提交比例、物理内存以及提交更改等信息，如图 12-23 所示。

Step14 选择"I/O"选项卡，在其中可以查看当前系统的 I/O 信息，包括读取增量、写入增量、其他增量等，如图 12-24 所示。

图 12-23　"内存"选项卡

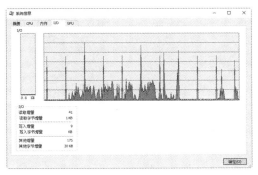

图 12-24　"I/O"选项卡

Step15 选择 GPU 选项卡，在其中可以查看当前系统的 GPU、专用显存和系统显存的使用情况，如图 12-25 所示。

Step 16 如果想要一次性查看当前系统信息，可以选择"摘要"选项卡，在打开的界面中可以查看当前系统的 CPU、系统提交、物理内存、I/O 的使用情况，如图 12-26 所示。

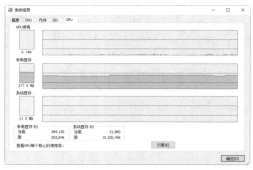

图 12-25　GPU 选项卡

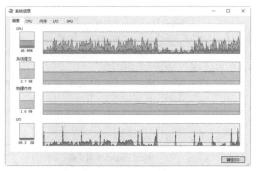

图 12-26　"摘要"选项卡

12.1.3　使用 Windows 进程管理器管理进程

Windows 进程管理器具有丰富、强大的进程信息数据库，包含了几乎全部的 Windows 系统进程和大量的常用软件进程，以及不少的病毒和木马进程，并且按其安全等级进行区分。另外，该软件提供查看进程文件路径的功能，用户可以根据进程的实际路径来判断它是否为正常进程，对于危险进程，可以使用"删除文件"功能将其结束并删除，这一切对于用户维护系统安全与稳定很有帮助。

使用 Windows 进程管理器管理系统进程的操作步骤如下：

Step 01 双击 Windows 进程管理器可执行文件，打开"Windows 进程管理器"工作窗口，在其中显示了当前系统的进程信息，如图 12-27 所示。

Step 02 选中需要结束的进程，右击，在弹出的快捷菜单下选择"结束进程"选项，打开一个"提示"信息提示框，提示用户是否确定要结束选中的进程，单击"是"按钮即可结束进程，如图 12-28 所示。

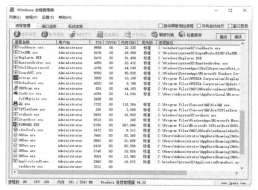

图 12-27　显示系统进程信息

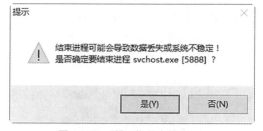

图 12-28　"提示"信息提示框

Step 03 选中需要暂停的进程，单击"进程管理"选项卡下的"暂停进程"按钮，打开一个"提示"信息提示框，提示用户是否确定要暂停选中的进程，单击"是"按钮即可暂停进程，如图 12-29 所示。

Step 04 选中需要删除的进程，单击"进程管理"选项卡下的"删除进程"按钮，打开一个"提示"信息提示框，提示用户是否确定要删除选中的进程，单击"是"按钮即可删除进程，如图 12-30 所示。

Step 05 选中需要查看属性的进程，单击"进程管理"选项卡下的"查看属性"按钮，打开"属性"对话框，在其中查看选中进程的属性，包括文件类型、大小、数字签名、安全等信息，如图 12-31 所示。

图 12-29　是否暂停选中的进程　　图 12-30　是否删除选中的进程　　图 12-31　"属性"对话框

Step06 选中需要查看进程文件位置的进程，单击"进程管理"选项卡下的"文件定位"按钮，打开"应用程序工具"窗口，在其中显示了进程文件在 Windows 系统中所在位置，从而定位文件的位置，如图 12-32 所示。

Step07 选中需要处理的进程文件并右击，在弹出的快捷菜单中也可以对进程进行结束、暂停、删除等操作，如图 12-33 所示。

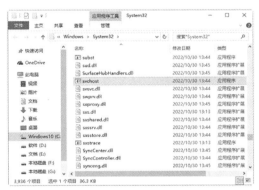

图 12-32　定位文件的位置　　　　　　　　　图 12-33　快捷菜单

提示：在 Windows 进程管理器窗口中，正常进程（如正常的系统或应用程序进程）是安全的，文字显示的颜色为黑色；可疑进程（如容易被病毒或木马利用的正常进程）要求用户留心观看，文字显示的颜色为绿色；危险进程（如病毒或木马进程）文字显示的颜色为红色。这样可以让用户在查询进程时一目了然地分辨出进程是否安全。

12.2　注册表的安全防护

注册表是微软 Windows 中的一个重要的数据库，用于存储系统和应用程序的设置信息，在系统中起着非常重要的作用。

12.2.1　禁止访问注册表

几乎计算机中所有针对硬件、软件、网络的操作都是源于注册表的，如果注册表被损坏，则整个计算机将会一片混乱。因此，防止注册表被修改是保护注册表的首要方法。

用户可以在组策略中禁止访问注册表编辑器，具体的操作步骤如下：

Step01 选择"开始"→"运行"选项，在打开的"运行"对话框中输入 gpedit.msc 命令，如图12-34 所示。

Step02 单击"确定"按钮，在"本地组策略编辑器"窗口，依次展开"用户配置"→"管理模板"→"系统"项，进入"系统"界面，如图 12-35 所示。

图 12-34　"运行"对话框

图 12-35　"系统"界面

Step03 双击"阻止访问注册表编辑工具"选项，打开"阻止访问注册表编辑工具"窗口。从中选中"已启用"单选按钮，然后单击"确定"按钮，完成设置操作，如图 12-36 所示。

Step04 选择"开始"→"运行"选项，在打开的"运行"对话框中输入 regedit.exe 命令，然后单击"确定"按钮，可看到"注册编辑已被管理员禁用"提示信息。此时表明注册表编辑器已经被管理员禁用，如图 12-37 所示。

图 12-36　"阻止访问注册表编辑工具"窗口

图 12-37　注册表编辑器被禁用信息提示框

12.2.2　清理注册表

Wise Registry Cleaner 是一款安全的注册表清理工具，可以安全、快速地扫描注册表中的垃圾文件，并给予清理。使用 Wise Registry Cleaner 清理注册表的具体操作步骤如下：

Step01 下载并安装 Wise Registry Cleaner 安装程序，在"Wise Registry Cleaner 安装向导完成"对话框中单击"完成"按钮，打开 Choose Language（选择语言）对话框，如图 12-38 所示。

Step02 在 Choose Language 对话框中的语言列表中选择"Chinese（Smpified）"（简体中文），如图 12-39 所示。

图 12-38 Choose Language 对话框

图 12-39 选择简体中文

Step03 单击 OK 按钮，可打开"确认"对话框，如图 12-40 所示。

Step04 单击"是"按钮，启动 Wise Registry Cleaner，程序会自动弹出如图 12-41 所示的一个创建系统还原点的提示。

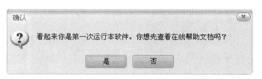

图 12-40 "确认"对话框

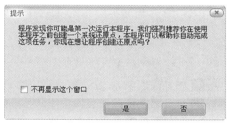

图 12-41 创建系统还原点的"提示"对话框

Step05 单击"是"按钮，打开"备份"对话框，根据提示备份注册表，如图 12-42 所示。

Step06 在注册表备份完成后，打开 Wise Registry Cleaner 窗口，如图 12-43 所示。

图 12-42 "备份"对话框

图 12-43 Wise Registry Cleaner 窗口

Step07 在 Wise Registry Cleaner 窗口中单击"扫描"按钮，开始扫描注册表中的垃圾文件，如图 12-44 所示。

Step08 扫描完成后，在右侧的窗格中将显示出所有有问题的注册表文件，如图 12-45 所示。

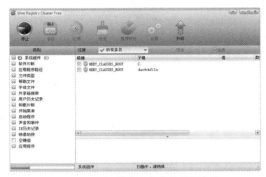

图 12-44　扫描注册表中的垃圾文件

图 12-45　显示扫描结果

Step 09 单击工具栏中的"整理碎片"按钮，打开 Wise Registry Defragment 窗口，如图 12-46 所示。

Step 10 单击"分析注册表"按钮，开始分析注册表中的无用碎片文件，如图 12-47 所示。

图 12-46　Wise Registry Defragment 窗口

图 12-47　显示无用碎片文件

Step 11 扫描注册表完成后，可显示出注册表中当前键值的大小和整理后的大小，如图 12-48 所示。

Step 12 单击"整理注册表"按钮，弹出确定现在压缩注册表信息提示框。单击"确定"按钮，压缩注册表文件，即整理注册表文件中的碎片，如图 12-49 所示。

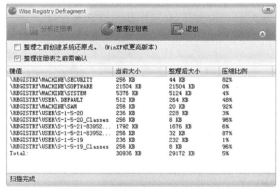

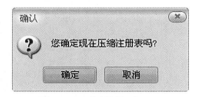

图 12-48　扫描注册表

图 12-49　"确认"对话框

12.2.3　优化注册表

Registry Mechanic 是一款"傻瓜型"注册表检测修复工具。即使用户一点都不懂注册表，也可以在几分钟之内修复注册表中的错误。使用 Registry Mechanic 修复注册表的具体操作步骤如下：

Step 01 下载并安装 Registry Mechanic 程序，打开 Registry Mechanic 程序工作界面，如图 12-50 所示。

Step 02 单击"开始扫描"按钮，打开"扫描结果"窗口，在其中显示了 Registry Mechanic 扫描注册表的进度和发现问题的个数，如图 12-51 所示。

图 12-50　程序工作界面　　　　　　　图 12-51　"扫描结果"窗口

Step 03 扫描完成后，会在"扫描结果"窗口中显示扫描出来的问题列表，并在右上角显示相关的注意信息，如图 12-52 所示。

Step 04 单击"修复"按钮，可修复扫描出来的注册表错误信息，修复完毕后，将打开"修复完成"窗口，如图 12-53 所示。

图 12-52　显示扫描出来的问题列表　　　　图 12-53　"修复完成"窗口

Step 05 在"修复完成"窗口中单击"继续"按钮，打开 Registry Mechanic 操作界面，如图 12-54 所示。

Step 06 在左侧的设置区域中选择"管理"选项，打开"管理"设置界面，如图 12-55 所示。

图 12-54　Registry Mechanic 操作界面　　　图 12-55　"管理"设置界面

Step07 单击"设置"按钮，打开"设置"界面，在"选项"设置区域中选择"常规"选项，在右侧可以根据需要设置扫描并修复选项、是否打开日志文件以及语言等信息，如图 12-56 所示。

Step08 选择"自定义扫描"选项，在右侧的"您希望自定义扫描期间扫描哪些分区"列表中选择需要扫描的分区，如图 12-57 所示。

图 12-56 "常规"选项

图 12-57 "自定义扫描"选项

Step09 选择"扫描路径"选项，在右侧的"您希望扫描涵盖哪些位置"列表中选择扫描的路径，如图 12-58 所示。

Step10 选择"忽略列表"选项，在右侧可以通过"添加"按钮设置忽略的值和键，如图 12-59 所示。

图 12-58 "扫描路径"选项

图 12-59 "忽略列表"选项

Step11 选择"隐私"选项，在右侧可以根据需要分别勾选"全面清除 Internet Explorer 使用痕迹"和"隐藏磁盘空间过低警告"复选框，如图 12-60 所示。

Step12 选择"调度程序"选项，在右侧可以对任务的相关选项进行设置，如图 12-61 所示，单击"保存"按钮，保存设置。

图 12-60 "隐私"选项

图 12-61 "调度程序"选项

12.3　实战演练

12.3.1　实战 1：禁止访问控制面板

黑客可以通过控制面板进行多项系统的操作，用户若不希望他们访问自己的控制面板，可以在"本地组策略编辑器"窗口中启用"禁止访问控制面板"功能，具体的操作步骤如下：

Step 01 右击"开始"按钮，在弹出的快捷菜单中选择"运行"选项，打开"运行"对话框，在"打开"文本框中输入 gpedit.msc，如图 12-34 所示。

Step 02 单击"确定"按钮，打开"本地组策略编辑器"窗口，在其中依次展开"用户配置"→"管理模板"→"控制面板"项，进入"控制面板"设置界面，如图 12-62 所示。

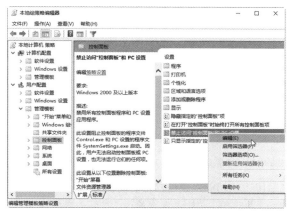

图 12-62　"本地组策略编辑器"窗口

Step 03 右击或双击"禁止访问控制面板和 PC 设置"选项，在弹出的快捷菜单中选择"编辑"选项，如图 12-63 所示。

Step 04 打开"禁止访问控制面板和 PC 设置"对话框，在其中选中"已启用"单选按钮，单击"确定"按钮，完成禁止控制面板程序文件的启动，使得其他用户无法启动控制面板。此时，还会将"开始"菜单中的"控制面板"命令、Windows 资源管理器中的"控制面板"文件夹同时删除，彻底禁止访问控制面板，如图 12-64 所示。

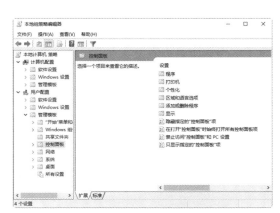

图 12-63　"控制面板"设置界面

图 12-64　选中"已启用"单选按钮

微视频

12.3.2 实战 2：启用和关闭快速启动功能

使用系统中的"启用快速启动"功能，可以加快系统的开机启动速度。启用和关闭快速启动功能的具体操作步骤如下：

Step 01 单击"开始"按钮，在打开的"开始屏幕"中选择"控制面板"选项，打开"控制面板"窗口，单击"查看方式"右侧的下拉按钮，在弹出的下拉列表中选择"大图标"选项，打开"所有控制面板项"窗口，如图 12-65 所示。

Step 02 单击"电源选项"图标，打开"电源选项"设置界面，如图 12-66 所示。

图 12-65 "所有控制面板项"窗口

图 12-66 "电源选项"设置界面

Step 03 单击"选择电源按钮的功能"超链接，打开"系统设置"窗口，在"关机设置"区域中勾选"启用快速启动（推荐）"复选框，单击"保存修改"按钮，启用快速启动功能，如图 12-67 所示。

Step 04 如果想要关闭快速启动功能，可以取消对"启用快速启动（推荐）"复选框的勾选，然后单击"保存修改"按钮即可，如图 12-68 所示。

图 12-67 "系统设置"窗口

图 12-68 关闭快速启动功能

第13章

计算机系统的安全防护策略

用户在使用计算机的过程中，有时会受到恶意软件的攻击，有时还会不小心删除系统文件，这都有可能导致系统崩溃或无法进入操作系统。这时用户就不得不重装系统。但是如果系统进行了备份，那么就可以直接将其还原，以节省时间。本章介绍计算机系统的安全防护，主要内容包括清除系统恶意软件、系统备份、系统还原以及系统重置等。

13.1 重装 Windows 10 操作系统

在安装有一个操作系统的计算机中，用户可以重装系统，而无须考虑多系统的版本问题。只需将系统安装盘插入，然后格式化系统盘，就可以按照安装单操作系统一样重装单系统。

13.1.1 什么情况下重装系统

具体来讲，当系统出现以下 3 种情况之一时，就必须考虑重装系统了。

1. 系统运行变慢

系统运行变慢的原因有很多，如垃圾文件分布于整个硬盘而又不便于集中清理和自动清理，或者是计算机感染了病毒或其他恶意程序而无法被杀毒软件清理等，这就需要对磁盘进行格式化处理并重装系统了。

2. 系统频繁出错

众所周知，操作系统是由很多代码组成的，在操作过程中可能因为误删除某个文件或者是被恶意代码改写等原因，致使系统出现错误。此时，如果该故障不便于准确定位或轻易解决，就需要考虑重装系统了。

3. 系统无法启动

导致系统无法启动的原因有多种，如 DOS 引导出现错误、目录表被损坏或系统文件 ntfs.sys 文件丢失等。如果无法查找出系统不能启动的原因或无法修复系统以解决这一问题时，就需要重装系统了。

13.1.2 重装前应注意的事项

在重装系统之前，用户需要做好充分的准备，以避免重装之后造成数据的丢失等严重后果。那么在重装系统之前应该注意哪些事项呢？

1. 备份数据

在因系统崩溃或出现故障而准备重装系统之前，首先应该想到的是备份好自己的数据。这时，一定要静下心来，仔细罗列一下硬盘中需要备份的资料，把它们一项一项地写在一张纸上，然后逐一对照进行备份。如果硬盘不能启动，这时需要考虑用其他启动盘启动系统，然后复制自己的数据，或将硬盘挂接到其他计算机上进行备份。但是，最好的办法是在平时就养成每天备份重要数据的习惯，这样就可以有效避免因硬盘数据不能恢复造成的损失。

2. 格式化磁盘

重装系统时，格式化磁盘是解决系统问题最有效的办法。尤其是在系统感染病毒后，最好不要只格式化 C 盘，如果有条件将硬盘中的数据都备份或转移，尽量备份后将整个硬盘都格式化，以保证新系统的安全。

3. 牢记安装序列号

安装序列号相当于一个人的身份证号，标识着安装程序的身份。如果不小心丢掉了自己的安装序列号，那么在重装系统时，如果采用的是全新安装，安装过程将无法进行下去。正规的安装光盘的序列号会标注在软件说明书或光盘封套的某个位置上。但是，如果用的是某些软件合集光盘中提供的测试版系统，这些序列号可能是存在于安装目录中的某个说明文本中，如 SN.txt 等文件。因此，在重装系统之前，应首先将序列号找出并记录下来以备稍后使用。

13.1.3　重装 Windows 10

Windows 10 作为主流操作系统，备受关注，本节将介绍 Windows 10 操作系统的重装，具体的操作步骤如下：

Step01 将 Windows 10 操作系统安装盘插入并重新启动计算机。这时会进入 Windows 10 操作系统安装程序的运行窗口，提示用户安装程序正在加载文件，如图 13-1 所示。

Step02 当文件加载完成后，进入程序启动 Windows 界面，如图 13-2 所示。

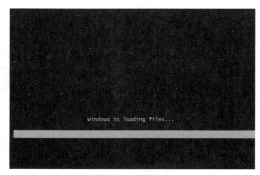

图 13-1　系统运行窗口

图 13-2　程序启动界面

图 13-3　程序运行界面

Step03 进入程序运行界面，开始运行程序，运行程序完成，就会弹出安装程序正在启动页面，如图 13-3 所示。

Step04 安装程序启动完成后，还需要选择需要安装系统的磁盘，如图 13-4 所示。

Step05 单击"下一步"按钮，开始安装 Windows 10 系统并进入系统引导页面，如图 13-5 所示。

Step06 安装完成后，进入 Windows 10 操作系统主页面，系统安装完成，如图 13-6 所示。

图 13-4 选择系统安装盘

图 13-5 系统引导页面

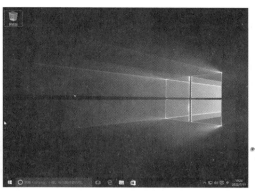
图 13-6 系统安装完成

13.2 系统安全提前准备之备份

常见备份系统的方法是使用系统自带的工具备份和 GHOST 工具备份。

13.2.1 使用系统工具备份系统

Windows 10 操作系统自带的备份还原功能更加强大，为用户提供了高速度、高压缩的一键备份还原功能。

微视频

1. 开启系统还原功能

要想使用 Windows 系统工具备份和还原系统，首选需要开启系统还原功能，具体的操作步骤如下：

Step01 右击桌面上的"此电脑"图标，在弹出的快捷菜单中选择"属性"选项，如图 13-7 所示。

Step02 在打开的窗口中单击"系统保护"超链接，如图 13-8 所示。

图 13-7 "属性"选项

图 13-8 "系统"窗口

Step03 打开"系统属性"对话框，在"保护设置"列表框中选择系统所在的分区，并单击"配置"按钮，如图 13-9 所示。

Step 04 打开"系统保护本地磁盘"对话框，选中"启用系统保护"单选按钮，单击鼠标调整"最大使用量"滑块到合适的位置，然后单击"确定"按钮，如图 13-10 所示。

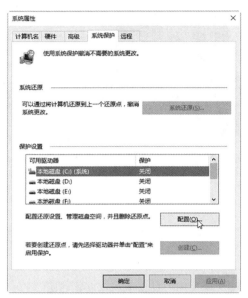

图 13-9 "系统属性"对话框

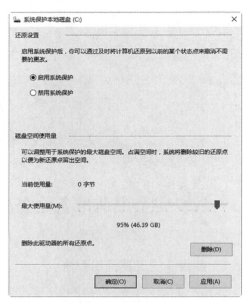

图 13-10 "系统保护本地磁盘"对话框

2. 创建系统还原点

用户开启系统还原功能后，将默认打开保护系统文件和设置的相关信息以保护系统。用户也可以创建系统还原点，当系统出现问题时，就可以方便地恢复到创建还原点时的状态。

Step 01 在图 13-9 所示的"系统属性"对话框中，选择"系统保护"选项卡，然后选择系统所在的分区，单击"创建"按钮，如图 13-11 所示。

Step 02 打开"创建还原点"对话框，在文本框中输入还原点的描述性信息，如图 13-12 所示。

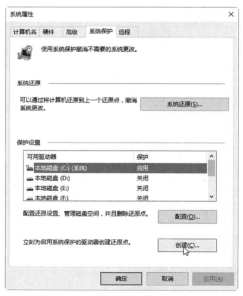

图 13-11 "系统保护"选项卡

图 13-12 "创建还原点"对话框

Step03 单击"创建"按钮，开始创建还原点，如图 13-13 所示。

Step04 创建还原点的时间比较短，稍等片刻就可以了。创建完毕后，将打开"已成功创建还原点"提示信息，单击"关闭"按钮即可，如图 13-14 所示。

图 13-13　开始创建还原点

图 13-14　创建还原点完成

13.2.2　使用系统映像备份系统

Windows 10 操作系统为用户提供了系统镜像的备份功能，使用该功能，用户可以备份整个操作系统，具体的操作步骤如下：

Step01 在"控制面板"窗口中，单击"备份和还原（Windows）"链接，如图 13-15 所示。

Step02 打开"备份和还原"窗口，单击"创建系统映像"链接，如图 13-16 所示。

图 13-15　"控制面板"窗口

图 13-16　"备份和还原"窗口

Step03 打开"你想在何处保存备份？"对话框，这里有 3 种类型的保存位置，包括在硬盘上、在一张或多张 DVD 上和在网络位置上，本实例选中"在硬盘上"单选按钮，单击"下一步"按钮，如图 13-17 所示。

Step04 打开"你要在备份中包括哪些驱动器？"对话框，这里采用默认的选项，单击"下一步"按钮，如图 13-18 所示。

图 13-17　选择备份保存位置

图 13-18　选择驱动器

Step05 打开"确认你的备份设置"对话框，单击"开始备份"按钮，如图 13-19 所示。

Step06 系统开始备份，完成后，单击"关闭"按钮即可，如图 13-20 所示。

图 13-19　确认备份设置 　　　　　　　　　　　　　　　　　图 13-20　备份完成

13.2.3　使用 GHOST 工具备份系统

微视频

一键 GHOST 是一个图形安装工具，主要包括一键备份系统、一键恢复系统、中文向导、GHOST、DOS 工具箱等功能。使用一键 GHOST 备份系统的操作步骤如下：

Step01 下载并安装一键 GHOST 后，打开"一键备份系统"对话框，此时一键 GHOST 开始初始化。初始化完毕后，将自动选中"一键备份系统"单选按钮，单击"备份"按钮，如图 13-21 所示。

Step02 弹出"一键 GHOST"提示框，单击"确定"按钮，如图 13-22 所示。

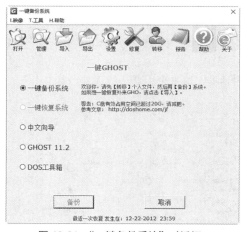

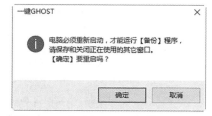

图 13-21　"一键备份系统"对话框 　　　　　　　　　图 13-22　"一键 GHOST"提示框（1）

Step03 系统开始重新启动，并自动打开 GRUB4DOS 菜单，在其中选择第一个选项，表示启动一键 GHOST，如图 13-23 所示。

Step04 系统自动选择完毕后，接下来会弹出 MS-DOS 一级菜单界面，在其中选择第一个选项，表示在 DOS 安全模式下运行 1KEY GHOST 11.2，如图 13-24 所示。

图 13-23　选择一键 GHOST 选项

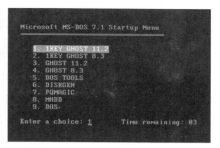

图 13-24　MS-DOS 一级菜单界面

Step05 选择完毕后，接下来会弹出 MS-DOS 二级菜单界面，在其中选择第一个选项，表示支持 IDE、SATA 兼容模式，如图 13-25 所示。

Step06 根据 C 盘是否存在映像文件，将会从主窗口自动进入"一键备份系统"警告框，提示用户开始备份系统。单击"备份"按钮，如图 13-26 所示。

Step07 此时，开始备份系统，如图 13-27 所示。

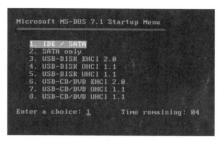

图 13-25　MS-DOS 二级菜单界面

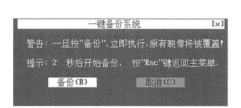

图 13-26　"一键备份系统"警告框

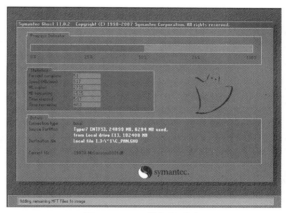

图 13-27　开始备份系统

13.3　系统崩溃后的修复之还原

系统备份完成后，一旦系统出现严重的故障，可还原系统到未出故障前的状态。

13.3.1　使用系统工具还原系统

微视频

在为系统创建好还原点之后，一旦系统遭到病毒或木马的攻击，致使系统不能正常运行，这时就可以将系统恢复到指定还原点。

下面介绍如何还原到创建的还原点，具体的操作步骤如下：

Step01 选择"系统属性"对话框下的"系统保护"选项卡，然后单击"系统还原"按钮，如图 13-11 所示。

Step02 打开"还原系统文件和设置"对话框，单击"下一步"按钮，如图 13-28 所示。

图 13-28 "还原系统文件和设置"对话框

Step03 打开"将计算机还原到所选事件之前的状态"对话框，选择合适的还原点，一般选择距离出现故障时间最近的还原点即可，单击"扫描受影响的程序"按钮，如图 13-29 所示。

Step04 打开"正在扫描受影响的程序和驱动程序"对话框，如图 13-30 所示。

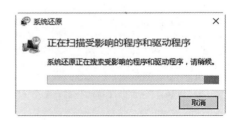

图 13-29 选择还原点　　　　　　　图 13-30 "系统还原"对话框

Step05 稍等片刻，扫描完成后，将打开详细的被删除的程序和驱动信息。用户可以查看所选择的还原点是否正确，如果不正确可以返回重新操作，如图 13-31 所示。

Step06 单击"关闭"按钮，返回"将计算机还原到所选事件之前的状态"对话框，确认还原点选择是否正确。如果还原点选择正确，则单击"下一步"按钮，打开"确认还原点"对话框；如果确认操作正确，则单击"完成"按钮，如图 13-32 所示。

Step07 打开提示框提示"启动后，系统还原不能中断，您希望继续吗？"，单击"是"按钮，如图 13-33 所示。计算机自动重启后，还原操作会自动进行，还原完成后再次自动重启计算机，登录到桌面后，将会打开系统还原提示框提示"系统还原已成功完成。"，单击"关闭"按钮，完成将系统恢复到指定还原点的操作。

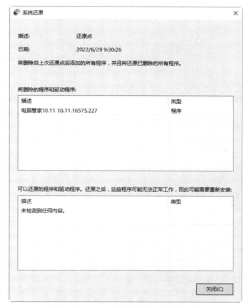

图 13-31　查看还原点是否正确

图 13-32　"确认还原点"对话框

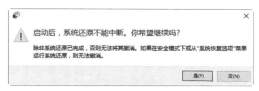

图 13-33　信息提示框（1）

提示：如果还原后发现系统仍有问题，还可以选择其他的还原点进行还原。

13.3.2　使用系统映像还原系统

完成系统映像的备份后，如果系统出现问题，可以利用映象文件进行还原操作，具体的操作步骤如下：

微视频

Step01 在桌面上右击"开始"按钮，在弹出的快捷菜单中选择"设置"选项，打开"设置"窗口，选择"更新和安全"选项，如图 13-34 所示。

Step02 打开"更新和安全"窗口，在左侧列表中选择"恢复"选项，在右侧窗口中单击"立即重启"按钮，如图 13-35 所示。

图 13-34　"设置"窗口

图 13-35　"更新和安全"窗口

Step03 打开"选择其他的还原方式"对话框，采用默认设置，直接单击"下一步"按钮，如图 13-36 所示。

Step04 打开"你的计算机将从以下系统映像中还原"对话框，单击"完成"按钮，如图 13-37 所示。

图 13-36 "选择其他的还原方式"对话框

图 13-37 选择要还原的驱动器

Step05 打开提示信息对话框，单击"是"按钮，如图 13-38 所示。

Step06 系统映像的还原操作完成后，打开"是否要立即重新启动计算机？"对话框，单击"立即重新启动"按钮即可，如图 13-39 所示。

图 13-38 信息提示框（2）

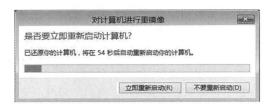

图 13-39 开始还原系统

13.3.3 使用 GHOST 工具还原系统

当系统分区中数据被损坏或系统遭受病毒和木马的攻击后，可以利用 GHOST 的镜像还原功能将备份的系统分区进行完全的还原，从而恢复系统。

使用一键 GHOST 还原系统的操作步骤如下：

Step01 在"一键 GHOST"对话框中单击选中"一键恢复系统"单选按钮，单击"恢复"按钮，如图 13-40 所示。

Step02 弹出"一键 GHOST"提示框，提示用户计算机必须重新启动，才能运行"恢复"程序。单击"确定"按钮，如图 13-41 所示。

Step03 系统开始重新启动，并自动打开 GRUB4DOS 菜单，在其中选择第一个选项，表示启动一键 GHOST 如图 13-23 所示。

Step04 系统自动选择完毕后，接下来会弹出 MS-DOS 一级菜单界面，在其中选择第一个选项，表示在 DOS 安全模式下运行 GHOST 11.2，如图 13-24 所示。

Step 05 选择完毕后，接下来会弹出 MS-DOS 二级菜单界面，在其中选择第一个选项，表示支持 IDE、SATA 兼容模式，如图 13-25 所示。

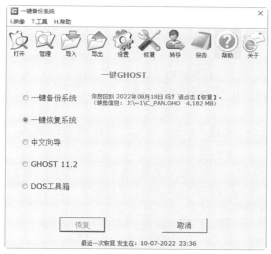

图 13-40　"一键恢复系统"单选按钮　　　　　图 13-41　"一键 GHOST"提示框（2）

Step 06 根据 C 盘是否存在映像文件，将会从主窗口自动进入"一键恢复系统"警告框，提示用户开始恢复系统。选择"恢复"按钮即可开始恢复系统，如图 13-42 所示。

图 13-42　"一键恢复系统"警告框

Step 07 此时，开始恢复系统，如图 13-43 所示。

Step 08 在系统还原完毕后，将打开一个信息提示框，提示用户恢复成功，单击 Reset Computer 按钮重启计算机，然后选择从硬盘启动，即可将系统恢复到以前的系统。至此，就完成了使用 GHOST 工具还原系统的操作，如图 13-44 所示。

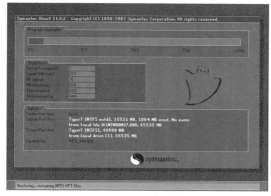

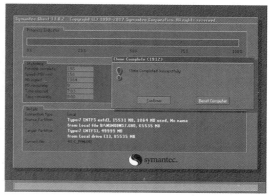

图 13-43　开始恢复系统　　　　　　　　　图 13-44　系统恢复成功

13.4 系统崩溃后的修复之重置

对于系统文件出现丢失或者文件异常的情况，可以通过重置的方法来修复系统。重置计算机可以在计算机出现问题时方便地将系统恢复到初始状态，而不需要重装系统。

13.4.1 在可开机情况下重置计算机

微视频

在可以正常开机并进入 Windows 10 操作系统后重置计算机的具体操作步骤如下：

Step01 在桌面上右击"开始"按钮，在弹出的快捷菜单中选择"设置"选项，打开"设置"窗口，选择"更新和安全"选项，如图 13-35 所示。

Step02 打开"更新和安全"窗口，在左侧列表中选择"恢复"选项，在右侧窗口中单击"立即重启"按钮，如图 13-45 所示。

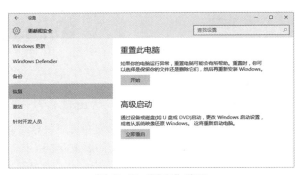

图 13-45 "恢复"选项

Step03 打开"选择一个选项"界面，单击选择"保留我的文件"选项，如图 13-46 所示。

Step04 打开"将会删除你的应用"界面，单击"下一步"按钮，如图 13-47 所示。

图 13-46 "保留我的文件"选项　　　　　图 13-47 "将会删除你的应用"界面

Step05 打开"警告"界面，单击"下一步"按钮，如图 13-48 所示。

Step06 打开"准备就绪，可以重置这台电脑"界面，单击"重置"按钮，如图 13-49 所示。

图 13-48 "警告"界面　　　　　图 13-49 准备就绪界面

Step 07 计算机重新启动，进入"重置"界面，如图 13-50 所示。

Step 08 重置完成后会进入 Windows 10 安装界面，安装完成后自动进入 Windows 10 桌面，如图 13-51 所示。

图 13-50　"重置"界面

图 13-51　Windows 10　安装界面

13.4.2　在不可开机情况下重置计算机

微视频

如果 Windows 10 操作系统出现错误，开机后无法进入系统，此时可以在不开机的情况下重置计算机，具体的操作步骤如下：

Step 01 在开机界面单击"更改默认值或选择其他选项"选项，如图 13-52 所示。

Step 02 进入"选项"界面，单击"选择其他选项"选项，如图 13-53 所示。

图 13-52　开机界面

图 13-53　"选项"界面

Step 03 进入"选择一个选项"界面，单击"疑难解答"选项，如图 13-54 所示。

Step 04 在打开的"疑难解答"界面单击"重置此计算机"选项即可。其后的操作与在可开机的状态下重置计算机操作相同，这里不再赘述，如图 13-55 所示。

图 13-54　"选择一个选项"界面

图 13-55　"疑难解答"界面

13.5 实战演练

13.5.1 实战 1：一个命令就能修复系统

SFC 命令是 Windows 操作系统中使用频率比较高的命令，主要作用是扫描所有受保护的系统文件并完成修复工作。该命令的语法格式如下：

```
SFC [/SCANNOW] [/SCANONCE] [/SCANBOOT] [/REVERT] [/PURGECACHE] [/CACHESIZE=x]
```

各个参数的含义如下：

/SCANNOW，立即扫描所有受保护的系统文件。

/SCANONCE，下次启动时扫描所有受保护的系统文件。

/SCANBOOT，每次启动时扫描所有受保护的系统文件。

/REVERT，将扫描返回到默认设置。

/PURGECACHE，清除文件缓存。

/CACHESIZE=x，设置文件缓存大小。

下面以最常用的 SFC/SCANNOW 为例进行讲解，具体的操作步骤如下：

Step01 右击"开始"按钮，在弹出的快捷菜单中选择"命令提示符（管理员）（A）"选项，如图 13-56 所示。

Step02 打开"管理员：命令提示符"窗口，输入 SFC/SCANNOW 命令，按 Enter 键确认，如图 13-57 所示。

图 13-56 "开始"选项

图 13-57 输入命令

Step03 开始自动扫描系统，并显示扫描的进度，如图 13-58 所示。

Step04 在扫描的过程中，如果发现损坏的系统文件，会自动进行修复操作，并显示修复后的信息，如图 13-59 所示。

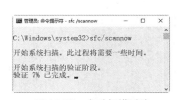

图 13-58 自动扫描系统

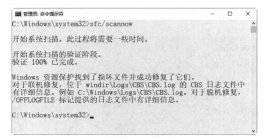

图 13-59 自动修复系统

13.5.2　实战 2：开启计算机 CPU 最强性能

在 Windows 10 操作系统之中，用户可以开启计算机 CPU 最强性能，具体的操作步骤如下：

Step01 按下 Windows+R 组合键，打开"运行"对话框，在"打开"文本框中输入 msconfig，如图 13-60 所示。

Step02 单击"确定"按钮，在打开的对话框中选择"引导"选项卡，如图 13-61 所示。

图 13-60　"运行"对话框　　　　　　　　　图 13-61　"引导"选项卡

Step03 单击"高级选项"按钮，打开"引导高级选项"对话框，勾选"处理器个数"复选框，将处理器个数设置为最大值，本机最大值为 4，如图 13-62 所示。

Step04 单击"确定"按钮，打开"系统配置"对话框，单击"重新启动"按钮，重启计算机系统 CUP 就能达到最大性能了，这样计算机运行速度就会明显提高，如图 13-63 所示。

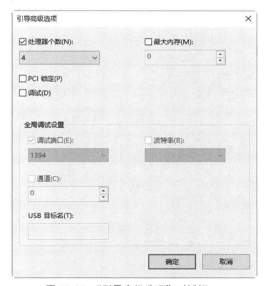

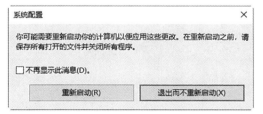

图 13-62　"引导高级选项"对话框　　　　　　　图 13-63　"系统配置"对话框

第 **14** 章

信息追踪与入侵痕迹的清理

从入侵者与远程主机 / 服务器建立连接起，系统就开始把入侵者的 IP 地址及相应操作事件记录下来。系统管理员可以通过这些日志文件找到入侵者的入侵痕迹，从而获得入侵证据及入侵者的 IP 地址。本章介绍信息追踪与入侵痕迹的清理方法。

14.1 信息的追踪

随着网络应用技术的发展，如何保护网络生活的隐私越来越受到人们的重视。有什么办法可以使用户躲避多变的网络追踪和攻击呢？实际上，使用好代理工具，实现通过跳板访问网络，就可以轻松实现这一目标。

14.1.1 使用网站定位 IP 物理地址

在网络管理中，常常需要精确地定位某个 IP 地址的所在地。实际上，使用一些简单命令和方法即可完成 IP 地址的定位。下面介绍使用网站定位 IP 物理地址的方法，具体的操作步骤如下：

Step01 打开一个 IP 地址查询网站，这里打开 http://www.ip.cn 网站。如果要查找已知的 IP 地址，直接在"查询"文本框中输入要查找的 IP 地址，如图 14-1 所示。

Step02 单击"查询"按钮，可得到查询 IP 地址的物理位置信息，如图 14-2 所示。

图 14-1 输入 IP 地址

图 14-2 物理位置信息

14.1.2 使用网络追踪器追踪信息

NeoTrace Pro v3.25（网络追踪器）是一款相当受欢迎的网络路由追踪软件，用户可以只输入远

微视频

程计算机的 E-Mail、IP 位置或是超链接 URL 位置等，其软件本身会自动帮助用户显示介于本计算机与远端机器之间的所有节点与相关的登记信息。

使用 NeoTrace Pro v3.25 追踪信息的操作步骤如下：

Step 01 双击桌面上的 NeoTracePro 应用程序图标，进入其主操作界面，在目标栏中输入想要追踪的网址，例如这里输入"www.baidu.com"，如图 14-3 所示。

Step 02 单击右侧的 go 按钮，开始进入追踪状态，如图 14-4 所示。

Step 03 在扫描完毕后，单击 Map View 右侧的下拉按钮，在弹出的下拉列表中选择 List View 选项，如图 14-5 所示。

图 14-3 输入想要追踪的网址

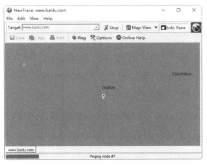

图 14-4 追踪状态

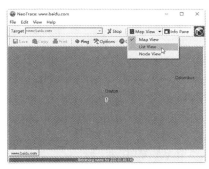

图 14-5 List View 选项

Step 04 在 NeoTrace Pro 工作界面的左侧窗格中会显示追踪的详细列表，如图 14-6 所示。

Step 05 单击 Map View 右侧的下拉按钮，在弹出的下拉列表中选择 Node View 选项即可以 Node View 的方式显示追踪结果，如图 14-7 所示。

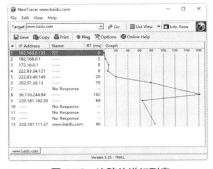

图 14-6 追踪的详细列表

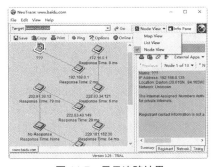

图 14-7 显示追踪结果

14.2 黑客留下的"脚印"

日志是黑客留下的"脚印"，其本质就是对系统中的操作进行的记录，用户对计算机的操作和应用程序的运行情况都能记录下来。黑客在非法入侵计算机以后所有行动的过程也会被日志记录。

14.2.1 日志的详细定义

日志文件是 Windows 系统中一个比较特殊的文件，记录着 Windows 系统中所发生的一切，如各种系统服务的启动、运行、关闭等信息。日志文件通常有应用程序日志、安全日志、系统日志、DNS 服务器日志和 FTP 日志等。

1. 日志文件的默认位置

① DNS 服务器日志文件的默认位置：%systemroot%\system32\config，默认文件大小为 512KB，管理员可以改变这个默认大小。

②安全日志文件默认位置：%systemroot%\system32\config\SecEvent.EVT。

③系统日志文件默认位置：%systemroot%\system32\config\sysEvent.EVT。

④应用程序日志文件默认位置：%systemroot%\system32\config\AppEvent.EVT。

⑤因特网信息服务 FTP 日志文件默认位置：%systemroot%\system32\logfiles\msftpsvc1\，默认每天一个日志。

⑥因特网信息服务 WWW 日志文件默认位置：%systemroot%\system32\logfiles\w3svc1\，默认每天一个日志。

⑦ Scheduler 服务日志文件默认位置：%systemroot%\schedlgu.txt。

2. 日志在注册表里的键

①应用程序日志、安全日志、系统日志、DNS 服务器日志的文件在注册表中的键为：HKEY_LOCAL_MACHINE\system\CurrentControlSet\Services\Eventlog，有的管理员很可能将这些日志重定位。其中 Eventlog 下面有很多子表，里面可查看到以上日志的定位目录。

② Scheduler 服务日志在注册表中的键为：HKEY_LOCAL_MACHINE\SOFTWARE\ Microsoft\ SchedulingAgent。

3. FTP 和 WWW 日志

FTP 日志和 WWW 日志在默认情况下，每天生成一个日志文件，包括当天的所有记录。文件名通常为 ex（年份）（月份）（日期），从日志里能看出黑客入侵时间、使用的 IP 地址以及探测时使用的用户名，这样使得管理员可以做出相应的对策。

14.2.2 为什么要清理日志

Windows 网络操作系统都设计有各种各样的日志文件，如应用程序日志，安全日志、系统日志、Scheduler 服务日志、FTP 日志、WWW 日志、DNS 服务器日志等，这些会根据用户系统开启服务的不同而有所不同。

在 Windows 系统中，日志文件通常有应用程序日志、安全日志、系统日志、DNS 服务器日志、FTP 日志、WWW 日志等，其扩展名为 log.txt。

黑客们在获得服务器的系统管理员权限之后就可以随意破坏系统上的文件了，包括日志文件。但是这一切都将被系统日志所记录下来，黑客们想要隐藏自己的入侵踪迹，就必须对日志进行修改，最简单的方法就是删除系统日志文件。

为了防止管理员发现计算机被黑客入侵后，通过日志文件查到黑客的来源，入侵者都会在断开与入侵自己的主机连接前删除入侵时的日志。

14.3 分析系统日志信息

网络入侵者会在清理入侵记录和痕迹之前，先分析一个入侵日志，从中找出需要保留的入侵信息和记录。WebTrends 是一款非常好的日志分析软件，可以很方便地生成日报、周报和月报等，并有多种图表生成方式，如柱状图、曲线图、饼图等。

微视频

14.3.1　安装日志分析工具

在使用之前先安装 WebTrends 软件，具体的操作步骤如下：

Step 01 下载并双击 WebTrends 安装程序图标，打开 License Agreement（安装许可协议）对话框，如图 14-8 所示。

Step 02 在认真阅读安装许可协议后，单击 Accept（同意）按钮，进入 Welcome!（欢迎安装向导）对话框，在 Please select from the following options（请从以下选项中选择）单选按钮中选择 Install a time limited trial（安装有时间限制）单选按钮，如图 14-9 所示。

图 14-8　安装许可协议对话框　　　　　　　　图 14-9　欢迎安装向导对话框

Step 03 单击 Next 按钮，打开 Select Destination Directory（选择目标安装位置）对话框，在其中选择目标程序安装的位置，如图 14-10 所示。

Step 04 在选择好需要安装的位置之后，单击 Next 按钮，打开 Ready to Install（准备安装）对话框，在其中可以看到安装复制的信息，如图 14-11 所示。

图 14-10　选择目标安装位置对话框　　　　　　图 14-11　准备安装对话框

Step 05 单击 Next 按钮，打开 Installing（正在安装）对话框，在其中可看到安装的状态并显示安装进度条，如图 14-12 所示。

Step 06 安装完成之后，打开 Install Completed!（安装完成）对话框，单击 Finish 按钮，完成整个安装过程，如图 14-13 所示。

图 14-12　正在安装对话框　　　　　　　　图 14-13　安装完成对话框

图 14-14　输入序列号

14.3.2　创建日志站点

另外，在 WebTrends 使用之前，用户还必须先建立一个新的站点。在 WebTrends 中创建日志站点的具体操作步骤如下：

Step 01 在安装 WebTrends 完成之后，选择"开始"→"所有程序"→ WebTrends LogAnalyzer 选项，打开 WebTrends Product licensing（输入序列号）对话框，在其中输入序列号，如图 14-14 所示。

Step 02 单击 submit（提交）按钮，如果看到 Success fully added serial number（添加序列号成功）提示，说明该序列号是可用的，如图 14-15 所示。

Step 03 单击"确定"按钮之后，单击 Exit（退出）按钮，可看到"Professor WebTrends（WebTrends 目录）"窗口，如图 14-16 所示。

Step 04 单击 Start Using the Product（开始使用产品）按钮，打开 Registration（注册）对话框，如图 14-17 所示。

图 14-15　添加序列号成功信息提示框

图 14-16　WebTrends 目录窗口

图 14-17　注册对话框

Step 05 单击 Register Later（以后注册）按钮，打开 WebTrends Log Analyzer 主窗口，如图 14-18 所示。

Step 06 单击 New（新建）按钮，打开 Add Web Traffic Profile--Title, URL（添加站点日志 -- 标题，URL）对话框，在 Description（描述）文本框中输入准备访问日志的服务器类型名称；在 Log File URL Path（日志文件 URL 路径）下拉列表中选择存放方式；在后面的文本框中输入相应的路径；在 Log File Format（日志文件格式）下拉列表中可以看出 WebTrends 支持多种日志格式，这里选择 Auto-detect log file type（自动监听日志文件类型）选项，如图 14-19 所示。

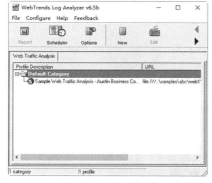

图 14-18　WebTrends Log Analyzer 主窗口

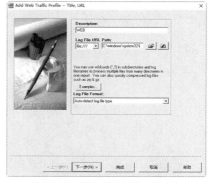

图 14-19　添加站点日志对话框

Step 07 单击"下一步"按钮，打开 Add Web Traffic Profile--DNS Lookup（设置站点日志—查询 DNS）对话框，在其中可以设置站点的日志 IP 采用查询 DNS 的方式，如图 14-20 所示。

Step08 单击"下一步"按钮，打开 Add Web Traffic Profile--Home Page（设置站点日志—站点首页）对话框，在其中设置站点的首页文件和 URL 等属性，如图 14-21 所示。

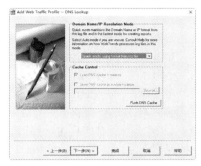

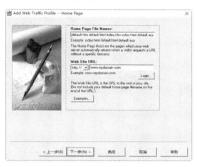

图 14-20　查询 DNS 对话框　　　　　　　　图 14-21　站点首页对话框

Step09 单击"下一步"按钮，打开 Add Web Traffic Profile--Filters（设置站点日志—过滤）对话框，在其中需要设置 WebTrend 对站点中哪些类型的文件做日志。这里默认的是所有文件类型（Include all），如图 14-22 所示。

Step10 单击"下一步"按钮，打开 Add Web Traffic Profile--Database and Real-Time（设置站点日志—数据库和实时）对话框，在其中分别勾选 Use FastTrends Database（使用快速分析数据库）复选框和 Analyze log file in real-time（实时分析日志）复选框，如图 14-23 所示。

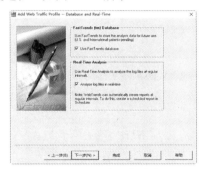

图 14-22　过滤对话框　　　　　　　　图 14-23　数据库和实时对话框

Step11 单击"下一步"按钮，打开 Add Web Traffic Profile--Advanced FastTrends（设置站点日志—高级设置）对话框，这里勾选 Store Fast Trends database in Default location（在本地保存快速生成的数据库）复选框，如图 14-24 所示。

Step12 单击"完成"按钮，完成新建日志站点，在 WebTrends Log Analyzer 窗口可看到新创建的 Web 站点，如图 14-25 所示。

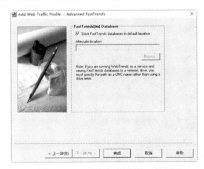

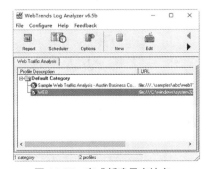

图 14-24　"高级设置"对话框　　　　　　　　图 14-25　完成新建日志站点

14.3.3　生成日志报表

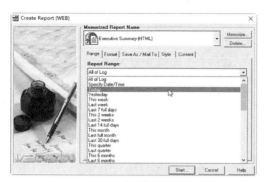

图 14-26　生成报告对话框

一个日志站点创建完成后，等待一定访问量后就可以对指定的目标主机进行日志分析并生成日志报表了，具体的操作步骤如下：

Step 01 在 WebTrends Log Analyzer 主窗口中单击工具栏中的 Report（报告）按钮，打开 Create Report（生成报告）对话框，在 Report Range（报告类型）列表中可以看到 WebTrends 提供多种日志的产生时间以供选择，这里选择所有的日志。同时，用户还需要对报告的风格、标题、文字、显示哪些信息（如访问者 IP、访问时间、访问内容等）等信息进行设置，如图 14-26 所示。

Step 02 单击 Start（开始）按钮，对选择的日志站点进行分析并生成报告，如图 14-27 所示。

Step 03 待分析完毕之后，可看到 HTML 形式的报告，在其中可以看到该站点的各种日志信息，如图 14-28 所示。

图 14-27　分析日志报告

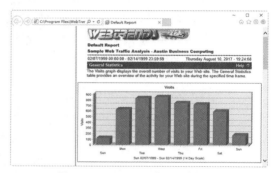

图 14-28　HTML 形式的日志报告

14.4　清除服务器入侵日志

黑客在入侵服务器的过程中，其操作会留下痕迹，那么清除掉日志是黑客入侵后必须要做的一件事情。本节主要讲述如何清除这些痕迹，并为大家详细介绍黑客是通过什么样的方法把记录自己痕迹的日志删除掉的。

14.4.1　删除系统服务日志

使用 srvinstw 可以删除系统服务日志，具体的操作步骤如下：

Step 01 如果黑客已经通过图形界面控制对方的计算机，在该计算机上运行 srvinstw.exe 程序，打开"欢迎使用本软件"对话框，在其中选中"移除服务"单选按钮，如图 14-29 所示。

Step 02 单击"下一步"按钮，打开"计算机类型选择"对话框，在"请选择要执行的计算机类型"栏目中选中"本地机器"单选按钮，如图 14-30 所示。

提示：如果没有控制目标的计算机，但已经和对方建立具有管理员权限的 IPC$ 连接，此时应该在"欢迎使用本软件"对话框中选中"远程机器"单选按钮，并在"计算机名"文本框中输入远程计算机的 IP 地址之后，单击"下一步"按钮，同样可以将该远程主机中的服务删除。

图 14-29　"欢迎使用本软件"对话框

图 14-30　"计算机类型选择"对话框

Step03 单击"下一步"按钮，打开"服务名选择"对话框，在"服务名"下拉列表中选择需要删除的服务选项，这里选择"IP 转换配置服务"选项，如图 14-31 所示。

Step04 单击"下一步"按钮，打开"准备好移除服务"对话框，如图 14-32 所示。

Step05 如果确定要删除该服务，单击"完成"按钮，可看到"服务成功移除"提示框。单击"确定"按钮即可将主机中的服务删除，如图 14-33 所示。

图 14-31　"服务名选择"对话框

图 14-32　"准备好移除服务"对话框

图 14-33　"服务成功移除"
信息提示框

14.4.2　批处理清除日志信息

在一般情况下，日志会忠实地记录它接收到的任何请求。用户可以通过查看日志来发现入侵的企图，从而保护自己的系统。所以黑客在入侵系统成功后，首先便是清除该计算机中的日志，擦去自己的形迹。除手工删除外，还可以通过创建批处理文件来删除日志。

具体的操作步骤如下：

Step01 在记事本中编写一个可以清除日志的批处理文件，其具体的内容如下。

```
@del C:\Windows\system32\logfiles\*.*
@del C:\Windows \system32\config\*.evt
@del C:\Windows \system32\dtclog\*.*
@del C:\Windows \system32\*.log
@del C:\Windows \system32\*.txt
@del C:\Windows \*.txt
@del C:\Windows t\*.log
@del c:\del.bat
```

Step02 把上述内容保存为 del.bat 文件备用。再新建一个批处理文件并将其保存为 clear.bat 文件，其具体的内容如下。

```
@copy del.bat \\1\c$
```

```
@echo 向目标主机复制本机的 del.bat……OK
@psexec \\1 c:\del.bat
@echo 在目标主机上运行 del.bat，清除日志文件……OK
```

在上述代码中 echo 是 DOS 下的回显命令，在它的前面加上"@"前缀字符，表示执行时本行在命令行或 DOS 里面不显示，它是删除文件命令。

Step03 假设已经与目标主机进行了 IPC 连接之后，在"命令提示符"窗口中输入"clear.bat 192.168.0.10"命令，可清除该主机上的日志文件。

14.4.3　清除 WWW 和 FTP 日志信息

黑客在对目标服务器实施入侵之后，为了防止网络管理员对其进行追踪，往往要删除留下的 IP 记录和 FTP 记录，但这种系统日志用手工的方法很难清除，这时需要借助于其他软件进行清除。在 Windows 系统中，WWW 日志一般都存放在 %winsystem%\sys tem32\logfiles\w3svc1 文件夹中，包括 WWW 日志和 FTP 日志。

Windows 10 系统中一些日志存放路径和文件名如下：

- 安全日志，C:\windows\system\system32\config\Secevent.evt。
- 应用程序日志，C:\windows\system\system32\config\AppEvent.evt。
- 系统日志，C:\windows\winsystem\system32\config\SysEvent.evt。
- IIS 的 FTP 日志，C:\windows\system%\system32\logfiles\msftpsvc1\，默认每天一个日志。
- IIS 的 WWW 日志，C:\windows\system\system32\logfiles\w3svc1\ 默认每天一个日志。
- Scheduler 服务日志，C:\windows\winsystem\schedlgu.txt。
- 注册表项目，[HKLM]\system\CurrentControlSet\Services\Eventlog。
- Schedluler 服务注册表所在项目，[HKLM]\SOFTWARE\Microsoft\SchedulingAgent。

1. 清除 WWW 日志

在 IIS 中 WWW 日志默认的存储位置是：C:\windows\system\system32\logfiles\w3svc1\，每天都产生一个新日志。如果管理员对其存放位置进行了修改，则可以运用 iis.msc 对其进行查看，再通过查看网站的属性来查找到其存放位置。此时，就可以在"命令提示符"窗口中通过"del *.*"命令来清除日志文件了。但这个方法删除不掉当天的日志，这是因为 w3svc 服务还在运行着。可以用 net stop w3vsc 命令把这个服务停止之后，再用"del *.*"命令，就可以清除当天的日志了。

用户还可以用记事本把日志文件打开，删除其内容之后再进行保存也可以清除日志。最后用 net start w3svc 命令再启动 w3svc 服务就可以了。

提示： 删除日志前必须先停止相应的服务，再进行删除。日志删除后务必要记得再打开相应的服务。

2. 清除 FTP 日志

FTP 日志的默认存储位置为 C:\windows\system\system32\logfiles\msftpsvc1\，其清除方法和清除 WWW 日志的方法差不多，只是所要停止的服务不同。

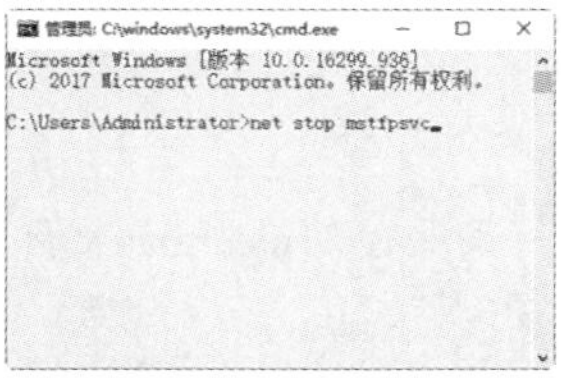

清除 FTP 日志的具体操作步骤如下：

Step01 在"命令提示符"窗口中运行 net stop mstfpsvc 命令即可停掉 msftpsvc 服务，如图 14-34 所示。

Step02 运行"del *.*"命令或找到日志文件，可将其内容删除。

Step03 运行 net start msftpsvc 命令，再打开 msftpsvc 服务即可，如图 14-35 所示。

图 14-34　停止 msftpsvc 服务

提示：也可修改目标计算机中的日志文件，其中 WWW 日志文件存放在 w3svc1 文件夹下，FTP 日志文件存放在 msftpsvc 文件夹下，每个日志都是以 eX.log 为命名的（其中 X 代表日期）。

图 14-35　运行 msftpsvc 服务

14.5　实战演练

14.5.1　实战 1：保存系统日志文件

将日志文件存档可以方便分析日志信息，从而找出异常日志信息，将日志文件存档的具体操作步骤如下：

Step01 右击"开始"按钮，在弹出的快捷菜单中选择"计算机管理"选项，如图 14-36 所示。

Step02 打开"计算机管理"窗口，在其中展开"事件查看器"图标，右击要保存的日志，如这里选择"Windows 日志"选项下的"系统"选项，在弹出的快捷菜单中选择"将所有事件另存为"菜单命令，如图 14-37 所示。

图 14-36　"计算机管理"选项

图 14-37　"将所有事件另存为"选项

Step03 打开"另存为"对话框，在"文件名"文本框中输入日志名称，这里输入"系统日志"，如图 14-38 所示。

Step04 单击"保存"按钮，打开"显示信息"对话框，在其中设置相应的参数，然后单击"确定"按钮，可将日志文件保存到本地计算机之中，如图 14-39 所示。

图 14-38　"另存为"对话框

图 14-39　"显示信息"对话框

14.5.2　实战2：清理系统盘中的垃圾文件

在没有安装专业的清理垃圾的软件前，用户可以手动清理磁盘垃圾临时文件，为系统盘瘦身，具体的操作步骤如下：

Step01 选择"开始"→"所有应用"→"Windows 系统"→"运行"选项，在"打开"文本框中输入 cleanmgr 命令，按 Enter 键确认，如图 14-40 所示。

Step02 打开"磁盘清理：驱动器选择"对话框，单击"驱动器"下面的向下按钮，在弹出的下拉菜单中选择需要清理临时文件的磁盘分区，如图 14-41 所示。

Step03 单击"确定"按钮，打开"磁盘清理"对话框，并开始自动计算清理磁盘垃圾，如图 14-42 所示。

图 14-40　"运行"对话框　　　图 14-41　选择驱动器　　　图 14-42　"磁盘清理"对话框

Step04 打开"Windows10（C:）的磁盘清理"对话框，在"要删除的文件"列表中显示扫描出的垃圾文件和大小，选择需要清理的临时文件，单击"清理系统文件"按钮，如图 14-43 所示。

Step05 系统开始自动清理磁盘中的垃圾文件，并显示清理的进度，如图 14-44 所示。

 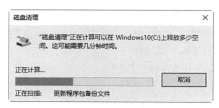

图 14-43　选择要清理的文件　　　　图 14-44　清理垃圾文件